BIM 设计项目样板设置指南
——基于 REVIT 软件

主 编 马 骁

副主编 马元玲

U0351876

中国建筑工业出版社

图书在版编目（CIP）数据

BIM 设计项目样板设置指南——基于 REVIT 软件/
马骁主编. —北京：中国建筑工业出版社，2015.12
ISBN 978-7-112-18832-1

Ⅰ.①B… Ⅱ.①马… Ⅲ.①建筑设计-计算机辅助
设计-应用软件-指南 Ⅳ.①TU201.4-62

中国版本图书馆 CIP 数据核字（2015）第 297743 号

《BIM 设计项目样板设置指南——基于 Revit 软件》是一本囊括了在使用 Revit 软件设计时如何进行基础设置的书籍。主要讲述了各专业项目样板的设置。全书对项目样板设置的讲述分为公共设置篇及专业篇，既保证了全专业通用设置项的一致性，又满足了不同专业间需求的特殊性。编写团队充分考虑了每一个影响设计效率和出图质量的细节，所有的设置项均参照国家相关的制图规范及 Revit 相关书籍。这是一本设计人员在使用 Revit 软件进行 BIM 设计时都应该参考的工具书，对设计人员有很强的实用价值。

责任编辑：刘瑞霞　辛海丽
责任设计：李志立
责任校对：刘梦然

BIM 设计项目样板设置指南——基于 REVIT 软件

主编　马　骁

副主编　马元玲

*

中国建筑工业出版社出版、发行（北京西郊百万庄）

各地新华书店、建筑书店经销

霸州市顺浩图文科技发展有限公司制版

北京鹏润伟业印刷有限公司印刷

*

开本：787×1092 毫米　1/16　印张：12¾　字数：309 千字

2015 年 12 月第一版　2015 年 12 月第一次印刷

定价：**38.00** 元

ISBN 978-7-112-18832-1

（28045）

版权所有　翻印必究

如有印装质量问题，可寄本社退换

（邮政编码 100037）

编 委 会

主　编：马　骁

副主编：马元玲

编　委：陶海波　李志阳　罗　琦　张天琴　喻杰炽　孙志新

序

  很荣幸受邀为《BIM 设计项目样板设置指南——基于 Revit 软件》这本书写序，这是一本设计人员在使用 Revit 软件进行 BIM 设计时都应该参考的工具书，编写团队用心地兼顾专业需求与软件的操作性，并很有条理地加以说明，是一本实用价值很高的书籍，我很乐意在此向大家推荐。

  近几年来，BIM 在中国大陆和台湾地区都开始受到工程建设业的重视，尤其是在中国大陆的发展。在 2014 年 7 月 1 日，住房和城乡建设部在《关于建筑业发展和改革的若干意见》中明确指出，推进建筑信息模型（BIM）等信息技术在工程设计、施工和运行维护全过程的应用，更掀起了一波推广应用 BIM 技术的热潮，各省市也分别发布各项指导意见与实施办法。

  BIM 的出现，已逐渐带动了设计方法的革命，设计从二维转向三维，带来的设计上的变化包括了从线条绘图转向构件布置、从单纯的几何表现转向全信息模型的集成、从各专业单独完成项目转向全专业协同完成、从离散的分工设计转向基于同一模型的全过程整体设计、从单一的设计交付转向对建筑全生命周期的支持。因此，BIM 带来的不仅是技术上的进步，更重要的是新的工作流程和新的行业习惯（文化）。

  目前，大陆和台湾的 BIM 设计发展还多处于初级阶段，大多数的设计单位对 BIM 的应用仍停留在建模阶段，还无法使用 BIM 交付成熟且符合要求的二维施工图纸。由于二维图纸仍是目前建筑设计行业最终交付的唯一具有法律效力的设计成果，也是目前建筑行业的惯例，设计单位的生产流程与管理均围绕二维图纸的形成来进行，因此，在此阶段要推动 BIM 技术更快更好地发展，首先要解决的问题就是能够使用 BIM 技术设计出满足制图规范的图纸。当然，制图规范也应随着 BIM 时代的来临有所思考。

  在通过长期的项目经验积累以及调查研究，并综合考虑设计人员的需求后，中煤科工集团重庆设计研究院有限公司 BIM 技术中心理解到：对于使用 Revit 软件的设计人员来说，根据软件中自带的项目样板文件进行 BIM 设计存在两个主要的缺陷，一是设计出的图纸不符合制图规范；二是在进行设计时，项目样板文件中的部分设置项不能满足专业需求，在进行新项目设计时，设计人员需要花费时间进行烦琐的设置工作。因此该中心集体编写了这本《BIM 设计项目样板设置指南——基于 Revit 软件》，希望能帮助设计人员在使用 Revit 软件进行 BIM 设计时，提高设计效率和出图质量。

  《BIM 设计项目样板设置指南——基于 Revit 软件》是到目前为止，我所见过最为完整地囊括了在使用 Revit 软件进行设计时遇到的设置项问题的书籍。主要讲述了在进行基于 Revit 软件的 BIM 设计之前，如何对项目样板进行设置。全书对项目样板设置的讲述分为公共设置篇及专业篇，既保证了全专业通用设置项的一致性，又满足了不同专业间需求的特殊性。编写团队充分地考虑了每一个影响设计效率和出图质量的细节的设置，所有的设置项都是参照国家相关的制图规范以及 Revit 相关书籍，每一步的设置都有理有据。

这是一本专业性和技术性都很强的工具书，对设计人员来说，有着很强的实用价值。

虽然现阶段大陆和台湾很多优秀的设计单位都很重视 BIM 技术的研究和发展，纷纷成立了专门的 BIM 研究中心，但是少有设计单位提出应用 BIM 技术实现设计流程的全新改革。《BIM 设计项目样板设置指南——基于 Revit 软件》这本书，根据目前设计人员的实际需求，很踏实地迈出 BIM 在设计中改革的第一步。从这本书的出版也可以看出，中煤科工集团重庆设计研究院有限公司在 BIM 的应用与研究工作中展现了极大的勇气和决心，把公司 BIM 技术中心与全公司的设计相结合，在全公司推动 BIM 技术在设计中的应用，对整个产业起到了引领和示范作用。

非常高兴看到这本书的出版，也相信此书定能嘉惠许多正在使用或想要使用 Revit 软件进行设计工作的设计人员，并带动 BIM 应用的进一步发展。

謝尚賢

台湾大学土木工程学系教授

前　言

建筑信息模型（BIM）是在计算机辅助设计（CAD）等技术基础上发展起来的多维模型信息集成技术，是对建筑工程物理特征和功能特性信息的数字化承载和可视化表达。能够应用于工程项目规划、勘察、设计、施工、运营维护等各阶段，实现建筑全生命期各参与方在同一多维建筑信息模型基础上的数据共享，为产业链贯通、工业化建造和繁荣建筑创作提供技术保障；支持对工程环境、能耗、经济、质量、安全等方面的分析、检查和模拟，为项目全过程的方案优化和科学决策提供依据；支持各专业协同工作、项目的虚拟建造和精细化管理，为建筑业的提质增效、节能环保创造条件。

近年来，互联网和信息技术正在变革建筑业的未来，BIM、参数化设计、绿色建筑、智慧城市已然成为建筑领域最潮流的关键词，特别是 BIM 技术在国内外建筑行业得到广泛关注和应用，住房和城乡建设部也于 2015 年 6 月 16 日印发了《关于推进建筑信息模型应用的指导意见》，把 BIM 应用作为建筑业信息化的重要组成部分，要求到 2020 年末，建筑行业甲级勘察、设计单位以及特级、一级房屋建筑工程施工企业应掌握并实现 BIM 与企业管理系统和其他信息技术的一体化集成应用；以国有资金投资为主的大中型建筑、申报绿色建筑的公共建筑和绿色生态示范小区，在勘察设计、施工、运营维护中，集成应用 BIM 的项目比率达到 90%；建设单位要全面推行工程项目全生命期、各参与方的 BIM 应用，实现工程项目投资策划、勘察设计、施工、运营维护各阶段基于 BIM 标准的信息传递和信息共享，满足工程建设不同阶段对质量管控和工程进度、投资控制的需求，降低投资成本和运营风险。各省（市）也纷纷出台推进 BIM 应用的实施意见，提出了明确的应用目标计划，这必将极大地促进建筑领域生产方式的变革。在这样的大背景下，BIM 应用的政策环境、技术环境、市场环境等都将得到极大的改善，未来几年 BIM 技术将迎来高速发展时期，BIM 应用的推进速度也必将加快。建设、勘察设计、施工、监理和运营维护等单位对 BIM 应用人才、培训和咨询的需求也将进一步加大，为适应上述形势和需求，我萌发了编写本书的想法。

由于编著者多年在中煤科工集团重庆设计研究院从事工程设计和基于 Revit 软件平台的 BIM 技术应用研究、BIM 应用培训等工作，深知 BIM 应用初学者此时需要什么。对于使用 Revit 软件的中国设计人员来说，按照已安装程序中提供的系统项目样板文件设置所出图纸是不能满足我国工程设计制图规范标准的，同时，不同专业需求不同，而系统项目样板文件中的部分设置又不能满足专业需求，因此，设计人员在进行新项目 BIM 设计时，需要花费较多的时间来进行烦琐的设置工作，为使设计人员能尽快掌握细致合理地设置项目样板文件的方法，提高设计效率和出图质量，本书从项目样板的公共部分设置及建筑、结构、给水排水、暖通和电气专业设置的操作方面进行了较详细的说明和指引。

本书是专为基于 Revit 软件平台从事建筑工程 BIM 设计应用者编写的，希望能够成为一本 BIM 设计项目样板设置实用指南，解决应用者以下问题：

1. 按本企业的 BIM 建模标准建立工程项目的三维建筑信息模型。

2. 通过 BIM 交付的二维设计图纸文件，满足国家工程设计制图规范标准，并使图纸更规范、细致、美观。

3. 最大限度地减少设计人员的重复工作量。

目的就是为从事建筑工程设计和 BIM 技术应用者提供一本随手可及、方便实用的参考资料，可帮助他们在使用 Revit 软件平台时从一开始就能够真正进入建模应用阶段。

本书由马元玲编写第 1、2 章，陶海波编写第 3 章，喻杰炽编写第 4 章，李志阳编写第 5 章，张天琴编写第 6 章，罗琦编写第 7 章，马骁编写第 8 章，孙志新编写第 9、10 章，全书由马骁主编、修改并定稿。

本书在编著过程中得到了重庆市勘察设计协会的大力支持，协会领导唐晓智、廖可对本书的编写提出了宝贵的意见，同时本书是由编著者结合多年基于 Revit 软件平台从事 BIM 设计应用研究成果和设计经验总结编撰而成，由于编著者水平有限，错误和缺点在所难免，恳请读者给予指正。

张庆福

中煤科工集团重庆设计研究院有限公司总设备师

二〇一五年十月二十日

目　录

1 绪论

1.1 BIM 的概念

BIM（Building Information Modeling）即建筑信息模型，它是以三维数字技术为基础，集成了建筑工程项目各种相关信息的工程数据模型，是对工程项目设施实体与功能特性的数字化表达。这种数字模型是受参数控制、可运算的。从设计层面来讲，BIM 是传统手工绘图与 CAD 绘图时代的发展，为了在整个设计过程中充分表达设计意图、建立便捷的沟通渠道，设计师既要做出模型，还要绘制图纸。传统设计中，实体模型和图纸是分离的，而 BIM 技术将图纸与模型联系了起来。尽管现在大多数建筑模型和图纸是数字式的，却没有完全集合所有工程信息。有的图纸是用 CAD 设计方式直接绘制而成的，是独立存在的，和三维模型没有联系。有的图纸是由三维模型生成，却又与模型联系薄弱或是没有关联，模型发生变化时，图纸的修改未能及时变更，常常需要手工校对和协调，这样就大大降低了基于 BIM 设计的效率[1]。

而 BIM 技术的发展，可以将项目所要表达的设计信息协调起来。一方面，通过建立数字化的模型和工作流程，使设计过程变得可视、可模拟和可分析计算，实现各个专业之间的信息集成，提高建筑信息的复用性。另一方面，由于 BIM 模型包含了建筑物构件、设备的全部信息，能为项目的概预算提供数据支持，从而提高设计效率和精度，同时又为业主进行成本控制和后期运营维护提供有价值的参考意见。

BIM 技术使建筑物的所有信息都具有关联性。模型中的对象是可识别且相互联系的，系统能够对模型的信息进行统计和分析，并生成相应的图形和文件。如果一个对象模型发生变化，所有与它相关联的对象将被更新，以保持模型的完整性和准确性。关联性设计不仅能提高设计的效率、减少图纸修改的工作量，还能解决图纸之间长期存在的错误和遗漏问题[2]。

1.2 设计阶段 BIM 应用

1.2.1 可视化设计

基于 BIM 设计成果的效果图、虚拟漫游、仿真模拟等多种项目展示手段，可以让各参与方对项目本身进行深度直观的了解。它不但提供了可视化的思路，让设计师将过去的线条式构件形成一种三维的立体实物图形展示出来；同时可视化的结果还可以用来作为效果图的展示及报表的生成，更重要的是，项目设计、建造、运营过程中的沟通、讨论、决策都在可视化的状态下进行。

1.2.2　三维协同设计

BIM 将专业内多成员间、多专业、多系统间原本各自独立的设计成果（包括中间过程与结果），置于统一、直观的三维协同设计环境中，避免因误解或沟通不及时造成不必要的设计错误，提高设计质量和效率。

借助 BIM 的技术优势，协同的范畴也从单纯的设计阶段扩展到建筑全生命周期，需要规划、设计、施工、运营等各方的集体参与，因此具备了更广泛的意义，从而带来综合效益的大幅提升。

1.2.3　建筑性能化分析

目前，建筑项目的复杂程度已经大大超过了仅凭建筑师主观判断或者经验就可以正确把握的程度，因此，怎样在条件复杂、不确定性存在的情况下，设计出具有合理性和可持续性的建筑物显得尤为重要，这种情况下，整合了大量工程信息的 BIM 技术便为可持续设计带来了契机。利用 BIM 技术，建筑师在设计过程中将创建的虚拟建筑模型导入相关的性能化分析软件，就可以在方案设计初期得到更加直观、准确的建筑性能反馈信息，这不但提高了设计质量，同时也使设计公司能够为业主提供更专业的技能和服务[3][4]。

1.2.4　工程量统计

建设项目的核心任务是工程量经济管理和工程造价控制，而此核心任务的首要工作在于准确、快速的统计工程量。工程量统计是编制工程预算的基础工作，具有工作量大、费时、烦琐、要求严谨等特点，其精确度和快慢程度将直接影响工程预算的质量和速度。

BIM 模型是一个富含工程信息的数据库，可以真实地提供造价管理需要的工程量信息，借助这些信息，计算机可以快速对各种构件进行统计分析，大大减少了烦琐的人工操作和潜在错误，易于实现工程量信息与设计方案的完全一致。通过 BIM 模型获得的准确的工程量统计可以用于前期设计过程中的成本估算、不同设计方案建造成本的比较、施工开始前的工程量预算及施工完成后的工程量决算。

1.2.5　管线综合

大型、复杂的建筑工程项目中，管线综合设计必不可少，由于涉及暖通、给水排水、电气等专业，利用传统的 CAD 工作方法来解决问题的难度较大。为确保工程工期和工程质量，减少因各专业设计不协调和设计变更产生的返工等经济损失，避免在选用各种支吊架时因选用规格过大造成浪费、选用规格过小造成事故隐患等现象，通过 BIM 技术对设计图纸进行综合考虑及深化设计，设计师能够在虚拟的三维环境下明显地发现设计中的碰撞冲突，从而大大提高了管线综合的设计能力和工作效率。这不仅能提前排除项目施工环节中可能遇到的碰撞，还能显著减少由此产生的变更申请，更大大提高了后期施工现场的生产效率，降低了由于施工协调造成的成本增长和工期延误[5]。

1.3　Revit 系列软件介绍

作为当前国内应用最广的 BIM 模型创建工具，Revit 系列软件是全球领先的数字化与参数化设计软件平台。目前以 Revit 平台为基础推出的专业版软件包括 Revit Architecture、Revit Structure 及 Revit MEP（暖通、给水排水、电气）三款专业设计工具，满足设计中各专业的应用需求。

Revit 平台是针对广大设计师和工程师开发的三维参数化设计软件。利用 Revit 可以让设计师在三维设计模式下，方便地推敲设计方案、快速表达设计意图、创建 BIM 模型，并以 BIM 模型为基础，得到所需的设计图档，完成概念到方案，最终完成整个设计过程。

本书以 Revit 软件在民用建筑设计过程中的应用设置为主要内容，为后期 Revit 建模与出图打下基础，从而提高设计的效率和质量。

2 项目样板

2.1 项目样板的重要性

目前，我国 BIM 设计的发展处于初级阶段，大多数的设计单位对 BIM 的应用仍停留在建模阶段，暂不能成熟使用 BIM 交付符合要求的二维施工图纸。然而，在设计行业，现阶段唯一具有法律效力的设计成果还是二维图纸，二维图纸是设计人员和业主、施工方进行交流的主要方式，也是施工单位组织施工的重要依据。因此，二维图纸的内容必须符合相应的设计制图规范。

对于使用 Revit 软件的国内设计人员来说，根据默认的系统项目样板文件设计出的图纸不符合国内的制图规范。同时，在进行 BIM 设计时，系统项目样板文件中的部分设置项不能满足专业需求，在进行新项目设计时，设计人员需要花费大量时间进行烦琐的设置工作。因此，合理完善地设置项目样板文件，对提高设计效率和出图质量意义重大。

2.2 项目样板的目标

项目样板应满足以下要求：

（1）BIM 模型需满足项目实施标准；

（2）所出图纸能满足企业二维制图标准，并使图纸更规范、细致、美观；

（3）最大限度地减少设计人员的重复工作量；

（4）项目样板需满足模型的通用性传递及不同专业模型的整合。

2.3 项目样板的制作原则

（1）根据国家制图标准进行设置；

（2）根据企业自身制图标准进行基本设置；

（3）所有基本设置须是企业统一要求，应用者不宜随意修改。

3 公共设置篇

在项目样板中，项目单位、线型图案、填充样式、尺寸标注、文字等设置项，对于建筑、结构、机电专业来说，不存在设置上的特殊性，可统一进行设置，保持设置参数的一致性，本篇中，将对此进行详细的介绍。

3.1 项目单位

3.1.1 项目单位设置

单击"管理"选项卡→"项目单位"，打开"项目单位"对话框，选择需要进行设置的规程，此处以"公共"的设置为例进行说明。单击需要设置的"单位"右侧的"格式"，打开"格式"对话框，选择对应的"单位"、"舍入"、"单位符号"，完成之后单击"确定"，如图3.1.1～图3.1.3所示。其他规程下的单位设置方法类似。

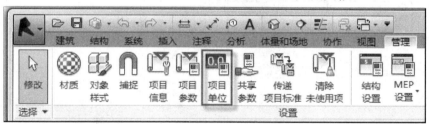

图 3.1.1 项目单位选项

3.1.2 项目单位设置规定

"公共"规程下单位包括"长度"、"面积"、"体积"、"角度"、"坡度"、"货币"、"质量密度"，格式的设置分别为：

（1）长度的设置："单位"设置为"毫米"，"舍入"选择"0个小数位"，在此处，"单位符号"设置为"无"，若设置为"mm"，在尺寸标注时，将会出现如图3.1.4、图3.1.5所示情况；

（2）面积的设置："单位"设置为"平方米"，"舍入"选择"2个小数位"，"单位符号"设置为"m^2"；

（3）体积的设置："单位"设置为"立方米"，"舍入"选择"2个小数位"，"单位符号"设置为"m^3"；

（4）角度的设置："单位"设置为"十进制度数"，"舍入"选择"0个小数位"，"单位符号"设置为"°"；

图 3.1.2 "项目单位"对话框

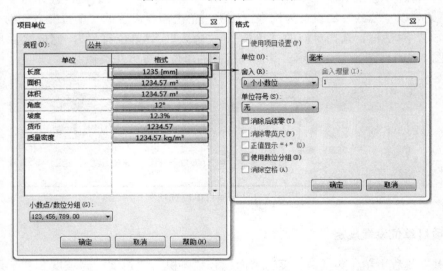

图 3.1.3 具体项目单位格式的设置

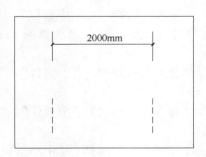

图 3.1.4 长度的设置（一）

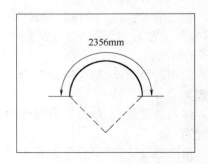

图 3.1.5 长度的设置（二）

（5）坡度的设置："单位"设置为"百分比"，"舍入"选择"1个小数位"，"单位符号"设置为"％"；

（6）货币的设置："舍入"选择"1个小数位"，"单位符号"设置为"￥"；

（7）质量密度的设置：单位设置为"千克/立方米"，"舍入"选择"2个小数位"，"单位符号"设置为"kg/m³"；

其他规程下的单位，根据专业需要，参照以上方法进行设置。

3.2 线型图案

线型图案可以指定 Revit 中使用的"线样式"、"对象样式"中的线型图案。

3.2.1 线型图案设置

（1）单击"管理"选项卡→"其他设置"→"线型图案"，打开"线型图案"对话框，可对已有的线型图案进行修改或者删除，也可以根据实际需要新建线型图案，如图 3.2.1～图 3.2.4 所示。

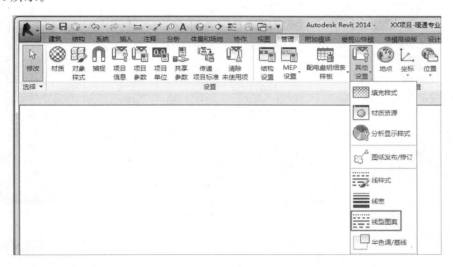

图 3.2.1 "管理"选项卡

（2）新建线型图案

1）新建线型图案时，需要在线型图案属性对话框第 1 栏的类型中选择"划线"或者"圆点"，并在右侧的"值"中输入具体的数字。当"类型"选择"划线"时，在"值"下单击鼠标并输入相应数值；当"类型"选择"圆点"时，由于点全部都是以 1.5pt 长的划线绘制，因此不需要输入数值。

2）在下一行中选择空格作为"类型"。Revit 要求在虚线或圆点之后添加空格。在"值"下单击鼠标，输入空格值。

3）设置完成后，即可单击"确定"，如图 3.2.5 所示。

图 3.2.2 "线型图案"对话框

图 3.2.3 修改已有的线型图案

图 3.2.4 新建线型图案

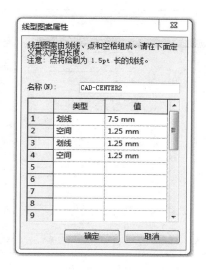

图 3.2.5 "线型图案属性"对话框

3.2.2 导入 CAD 底图预设线型图案填充样式

导入 CAD 底图，可自动将 CAD 底图中的线型添加在线型图案中，如图 3.2.6～图 3.2.8 所示。

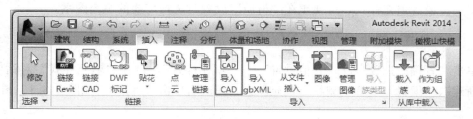

图 3.2.6 "管理"选项卡

图 3.2.7 "导入 CAD 格式"对话框

图 3.2.8 "线型图案"对话框

3.3 填充样式

填充样式可控制图形外观。使用"填充样式"工具可创建或修改绘图填充图案和模型填充图案。设置填充样式，可便于在"材质"设置时选择需要的填充图案。

3.3.1 填充样式设置

单击"管理"选项卡→"其他设置"→"填充样式"，打开"填充样式"对话框，可以"新建"、"编辑"或者"删除"填充图案，完成后单击"确定"，如图 3.3.1、图 3.3.2所示。

Revit 中的"填充图案类型"分为两类："绘图"和"模型"。"绘图"填充图案可用于绘制详图；"模型填充图案"代表建筑物的实际图元外观（例如墙上的砖层或瓷砖）。

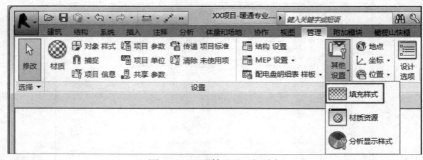

图 3.3.1 "管理"选项卡

3.3.2 新建"绘图"类型填充样式

单击"填充样式"对话框中的"新建"，打开"新建图案"对话框，即可新建"填充

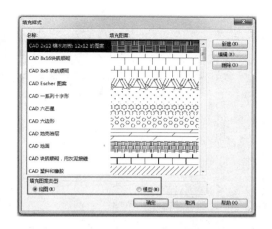

图 3.3.2 "填充样式"对话框

样式"。默认"主体层中的方向"为"定向到视图",填充样式的新建方式有"简单"和"自定义"两种。

（1）选择新建方式为"简单"时：

在"名称"栏中输入新建填充样式的名称,分别为"线角度"和"线间距1"输入值,选择"平行线"或"交叉平行线",设置好以后,点击"确定",即完成新建填充样式,如图 3.3.3 所示。

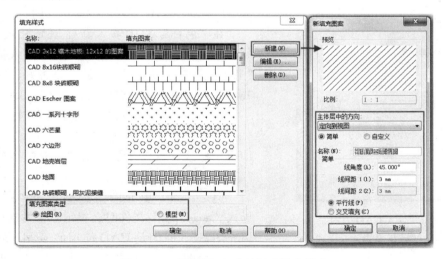

图 3.3.3 "简单"方式时新建填充样式

（2）选择新建方式为"自定义"时

可通过导入 CAD 中的"acad.pat"文件,添加填充样式。单击"自定义"→"导入",选择"acad.pat"文件,单击"打开",逐一选择导入的填充样式,将其添加为 Revit 中的填充样式,如图 3.3.4、图 3.3.5 所示。

注意：

导入时一定要检查"导入比例"的数值。不仅通过对话框中的预览来确定比例,还要

11

图 3.3.4 通过导入 CAD 中的 acad. pat 文件新建填充样式

图 3.3.5 导入 CAD 中的 acad. pat
文件后新建的填充样式

在实际的视图中看是否适合构件的尺度，如果不适合，可以删除导入的填充样式重新导入，或者重新命名再导入。

3.3.3 新建"模型"类型填充样式

（1）选择新建方式为"简单"时：

在"名称"栏中输入新建填充样式的名称，分别为"线角度"和"线间距 1"输入值，选择"平行线"或"交叉平行线"，设置好以后，点击"确定"，完成新建填充样式，如图 3.3.6 所示。

（2）选择新建方式为"自定义"时：

可通过导入 CAD 中的"acad. pat"文件，添加填充样式，具体步骤与当"填充图案类型"为"绘图"时相同。

但是，当"填充图案类型"为"模型"时，导入"acad. pat"文件时会提示"未发现模型类型填充图案"，原因是 CAD 使用的 acad. pat 文件里都是"绘图"类型的填充样式。此时，需要打开"acad. pat"文件，在每个填充样式的名称下面添加一行文";％TYPE＝MODEL"，就可以将"绘图"类型的填充样式改变为"模型"类型的填充样式，并在新建模型样式时导入。具体如图 3.3.7～图 3.3.9 所示。

注意：

当"填充图案类型"为"模型"时，导入比例默认为"1.00"，导入 CAD 中的填充样式，单击"确定"，若弹出"填充图案太密"的提示框，如图 3.3.10 所示，此时，将导入比例适当地调大，即可成功地将其导入 Revit 中。

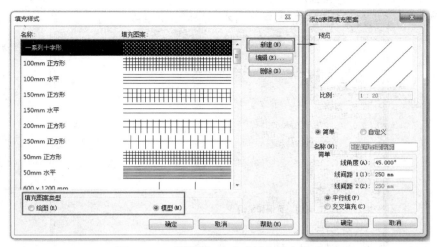

图 3.3.6 "简单"方式时新建填充样式

图 3.3.7 通过导入 CAD 中的 acad. pat 文件新建填充样式

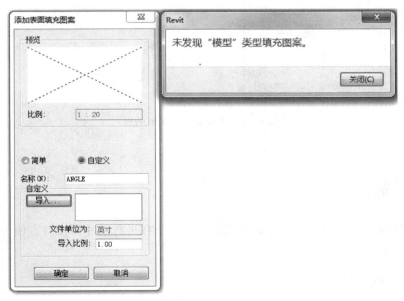

图 3.3.8 直接导入 CAD "acad. pat"文件时的提示

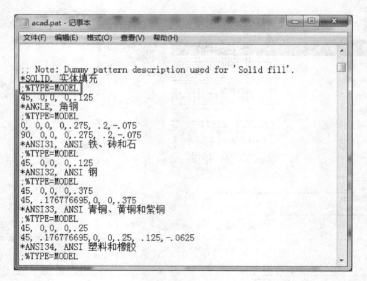

图 3.3.9　修改 CAD "acad.pat" 文件

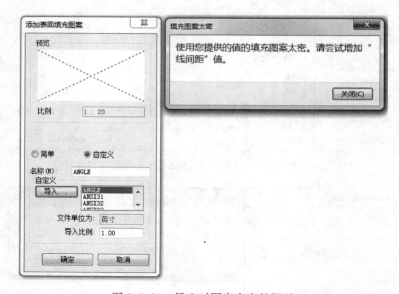

图 3.3.10　导入时图案太密的提示

3.4　尺寸标注

在项目样板中，合理设置尺寸标注的属性，便于在进行尺寸标注时方便快捷地选择统一的标注样式。

3.4.1　对齐、线性尺寸标注设置

对于"对齐尺寸标注"和"线性尺寸标注"，只需要设置其中的一种，另一种在标注

时即可选择设置好的标注样式。

单击"注释"选项卡→"对齐",单击"属性"对话框中的"编辑类型",打开"类型属性"对话框,通过设置类型属性中的参数,来设置对齐标注的外观样式,如图3.4.1、图3.4.2所示。

图 3.4.1 "注释"选项卡

图 3.4.2 "对齐尺寸标注样式"类型属性

在类型属性中,主要参数表示的意义如图3.4.3所示。

(1)"尺寸界线控制点"的设置

"尺寸界线控制点"有两种方式:"图元间隙"和"固定尺寸标注",当选择"固定尺寸标注"时,可设置"尺寸界线长度";当选择"图元间隙"时,尺寸界线长度不可设置为固定值。选择"图元间隙"时,尺寸界线与标注图元关系紧密,通常在施工图中应用该样式;选择"固定尺寸标注线"时,尺寸界线长度统一,外观整齐,能减少尺寸界线对图元的干扰,通常用于方案设计中仅标注轴网及大构件的尺寸。

(2)标注的对象存在中心线时的设置

当标注的对象存在中心线(如系统族中的墙体),并且标注了中心线时,"中心线符

15

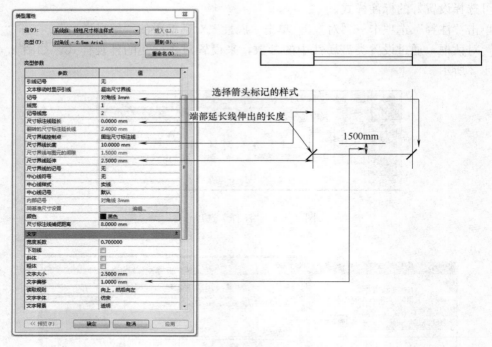

图 3.4.3　主要参数表示的意义

号"参数可以选择项目文件中载入的注释符号族，在中心线处尺寸界线的外侧添加相应的注释符号；"中心线样式"参数可单独设置中心线处尺寸界线的线样式；"中心线记号"参数可单独设置中心线处箭头标记样式。

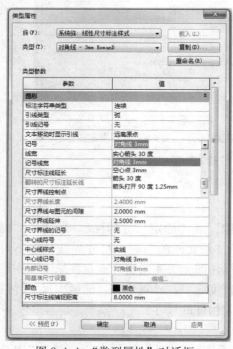

图 3.4.4　"类型属性"对话框

（3）"尺寸标注线捕捉距离"值的设置

当标注多行尺寸时，后标注的尺寸可以自动捕捉与先标注的尺寸之间的距离为设定值，用以控制各行尺寸间的间距相同。当后标注的尺寸拖动至距离先标注尺寸上或下为设定距离值，出现定位线。

（4）尺寸标注起止符号的设置

尺寸标注根据尺寸起止符号的长度，可设置为不同的类型。Revit 软件中自带的项目样板，尺寸标注的记号类型，默认斜短线的类型只有"对角线 3mm"，如图 3.4.4 所示，根据 CAD 中的尺寸标注样式，尺寸起止符号长度为 1.414mm，尺寸标注记号类型中没有"对角线 1.414mm"，需要在软件中添加，具体操作方法为：单击选项卡"管理"→"其他设置"→"箭头"，如图 3.4.5、图 3.4.6 所示。

图 3.4.5 "其他设置"选项

在打开的箭头属性对话框中，选择类型为"对角线 3mm"，通过"复制"命令，新建"对角线 1.414mm"，修改"记号尺寸"为"1.414mm"，如图 3.4.7 所示。可用同样的方法，设置其他类型的箭头。设置完成记号"对角线 1.414mm"后，即可在新建尺寸标注样式中，选择该记号。

图 3.4.6 "箭头"选项　　　　　　　　图 3.4.7 修改"记号尺寸"

根据《房屋建筑制图统一标准》GB/T 50001—2010：图样上的尺寸，尺寸界线应用细实线绘制，尺寸起止符号一般用中粗斜短线绘制，其倾斜方向应与尺寸界线成顺时针45°角，长度宜为2～3mm；尺寸界线一端应离开图样轮廓不小于2mm，另一端宜超出尺寸线2～3mm；平行排列的尺寸线的间距，宜为7～10mm，并应保持一致。

如图3.4.8所示，在项目样板中，新建尺寸标注样式，"记号"设置为"对角线1.414mm"，"尺寸标注线延长"设置为"0mm"，"尺寸界线延伸展"设置为"2.5mm"，"尺寸标注线捕捉距离"即为平行排列的尺寸线的间距，设置为"8mm"。

3.4.2 角度尺寸、径向尺寸、直径尺寸、弧长尺寸标注设置

根据《房屋建筑制图统一标准》GB/T 50001—2010，半径、直径、角度与弧长的尺寸起止符号，宜用箭头表示，具体如图3.4.9所示。

图3.4.8 新建尺寸标注样式

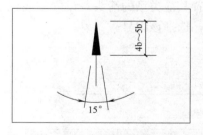

图3.4.9 箭头形式的尺寸起止符号

（1）角度尺寸标注的设置

单击"注释"选项卡→"角度"→单击"属性"对话框中的"编辑类型"，打开"类型属性"对话框，通过设置类型属性中的参数，来设置角度标注的外观样式，主要参数设置如图3.4.10所示。角度的标注样式如图3.4.11所示。

（2）径向尺寸标注的设置

单击"注释"选项卡→"径向"，单击"属性"对话框中的"编辑类型"，打开"类型属性"对话框，通过设置类型属性中的参数，来设置径向标注的外观样式，其中，"中心标记"参数控制尺寸在中心标记的可见性，"中心标记尺寸"控制十字形中心标记的大小，主要参数设置如图3.4.12所示。径向尺寸标注样式如图3.4.13所示。

图 3.4.10　角度尺寸标注的设置

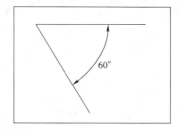

图 3.4.11　角度的标注样式

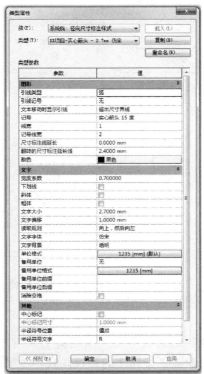

图 3.4.12　径向尺寸标注的设置

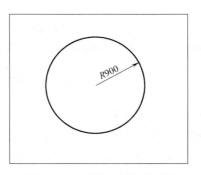

图 3.4.13　径向尺寸标注样式

（3）直径尺寸标注

单击"注释"选项卡→"直径"→单击"属性"对话框中的"编辑类型"，打开"类型属性"对话框，通过设置类型属性中的参数，来设置直径标注的外观样式。在此，需要注意的是，当直径的字体设置为"仿宋"时，直径符号文字不可见，因此，直径的文字字体需设置为宋体。主要参数设置如图 3.4.14 所示，直径尺寸标注样式如图 3.4.15 所示。

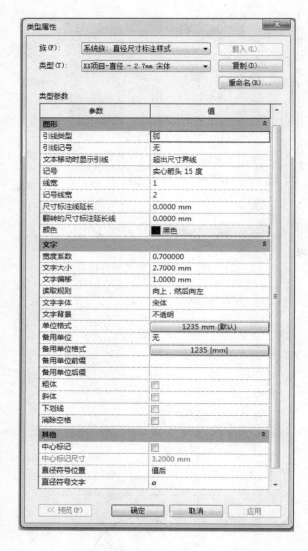

图 3.4.14　直径尺寸标注类型属性设置

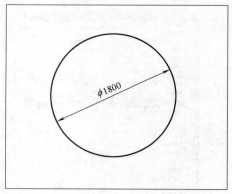

图 3.4.15　直径尺寸标注样式

（4）弧长尺寸标注

单击"注释"选项卡→"弧长"→单击"属性"对话框中的"编辑类型"，打开"类型属性"对话框，通过设置类型属性中的参数，来设置弧长标注的外观样式，主要参数设置如图 3.4.16 所示。弧长尺寸标注样式如图 3.4.17 所示。

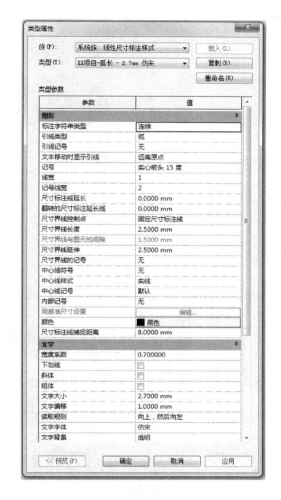

图 3.4.16　弧长尺寸标注类型属性设置

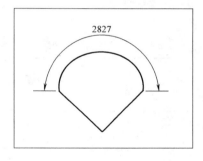

图 3.4.17　弧长尺寸标注样式

3.4.3　高程点标注设置

高程点标注也就是标高的标注。

单击"注释"选项卡→"高程点"→单击"属性"对话框中的"编辑类型",打开"类型属性"对话框,通过设置类型属性中的参数,来设置高程点标注的外观样式,主要参数设置如图 3.4.18 所示。高程点标注样式如图 3.4.19 所示。

3.4.4　高程点坡度标注设置

高程点坡度主要用于建筑屋顶、楼梯坡度、管道坡度等的标注。

单击"注释"选项卡→"高程点"→单击"属性"对话框中的"编辑类型",打开"类型属性"对话框,通过设置类型属性中的参数,来设置高程点标注的外观样式,主要参数设置如图 3.4.20 所示。设置好高程点坡度类型属性后的标注样式如图 3.4.21 所示。

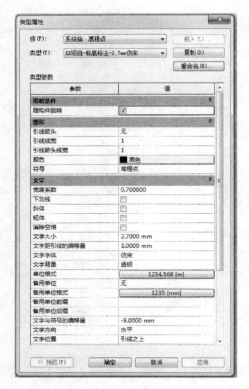

图 3.4.18　高程点标注类型属性设置

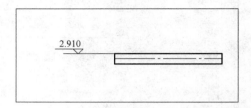

图 3.4.19　高程点标注样式

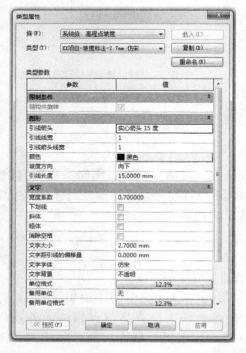

图 3.4.20　高程点坡度类型属性设置

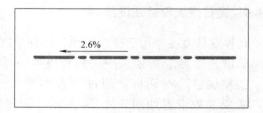

图 3.4.21　设置好高程点坡度类型属性后的标注样式

3.5　文字

Revit 中文字的字体、大小、宽度系数直接影响其可视化效果。在二维制图中，《房屋建筑制图统一标准》GB/T 50001—2010 等规范对文字有相应的规定。在 Revit 中，为实现与二维制图统一，方便后期出图等设计的需求，对文字字体、字高、宽度系数等参数进行相应设置。

在 Revit 中，涉及的文字应用主要体现为二维出图时的文字显示，该部分文字设置主要为族文字。族文字包括系统族中的文字和自定义族中的文字，本章节主要为仿宋字体文字的设置，字体大小参考《房屋建筑制图统一标准》GB/T 50001—2010 推荐字号：字高 2.7mm、3.5mm、5mm、7mm、10mm、14mm、20mm 等，可根据项目需要设置字体，建立统一的文字命名规则。

在 Revit 中，基本的图形单元被称为图元，例如，在项目中建立的墙体、门、窗、文字、尺寸标注等被称为图元，这些图元都是使用"族"来创建的。族通常可分为两类，一类为系统族，即为 Revit 中自开发的族，不能通过自定义的方式在族编辑环境中进行编辑，例如墙体、尺寸标注、楼梯箭头文字等都属于系统族；另一类为自定义族，例如指北针符号族、标注符号族等。系统族中的文字需要在系统族类型属性或"项目浏览器"中的"族"类别中进行族编辑，自定义族中的族文字需要通过族编辑环境进行编辑。

图 3.5.1　"文字"选项

3.5.1　系统族文字设置

1. 注释文字设置

注释文字属于系统族，注释文字的修改和新建需要在项目环境中进行，通过新建、重命名等方式进行文字的自定义设置。

（1）单击"注释"选项卡→"文字"，如图 3.5.1 所示。

（2）单击文字属性对话框中的"编辑类型"，如图 3.5.2 所示。

（3）新建的文字类型命名为××项目 _ 3.5 _ 仿宋 _ 0.7，如图 3.5.3 所示。

图 3.5.2　"编辑类型"选项

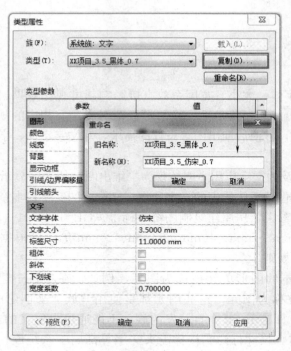

图 3.5.3　新建的文字类型命名

（4）新建文字类型属性参数设置如图 3.5.4 所示。

（5）设置好的项目样板文字列表如图 3.5.5 所示。

图 3.5.4　新建文字类型属性参数设置

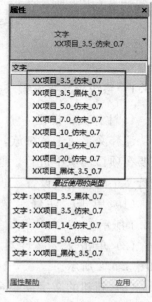

图 3.5.5　文字列表

3.5.2 尺寸标注族文字设置

Revit 提供了对齐、线性、角度、半径、弧长等不同形式的尺寸标注，所有的尺寸标注族都属于系统族，以线性尺寸标注为例，编辑其文字需要在尺寸标注族类型属性中进行，单击"注释"选项卡→"对齐"，选择需要的尺寸标注样式，如图 3.5.6 所示，单击属性对话框中的"编辑类型"，打开类型属性对话框，对字体、字高、宽度系数等进行设置，如图 3.5.7 和图 3.5.8 所示。

图 3.5.6 "对齐"选项

图 3.5.7 "属性"对话框

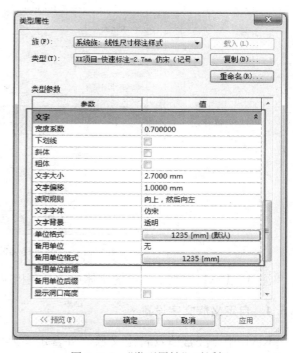

图 3.5.8 "类型属性"对话框

可根据项目实际需要，对尺寸标注文字字体、字高、宽度系数等进行设置；其他形式尺寸标注样式族文字设置方法与线性标注族文字设置方法类同。

3.5.3 楼梯箭头族文字设置

Revit 中默认的楼梯箭头族文字不能满足二维出图等表现需求，可以通过对箭头族文字类型属性进行编辑，设置需要的箭头族文字。

首先，创建一个楼梯实例，创建完楼梯后，单击创建的楼梯箭头，修改楼梯箭头类型属性，改变箭头族文字，如图 3.5.9 和图 3.5.10 所示。

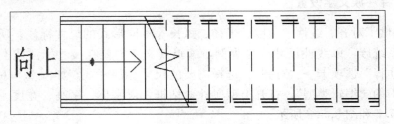

图 3.5.9　创建楼梯箭头

图 3.5.10　修改楼梯箭头类型属性

注意：Revit 中系统族内的字体通常可在相应的族类型属性中进行设置。

3.5.4　自定义族文字设置

Revit 中，经常涉及自定义族，且自定义族中常包含文字，为了满足项目的表现需

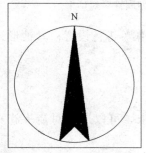

图 3.5.11　实心指北针

要，可对自定义族文字进行设置。自定义族文字用于出图时，需要在族编辑环境中对自定义族文字的类型属性进行设定，以实心指北针符号族为例，需要设置文字"N"的字体，如图 3.5.11 所示。

选中指北针符号族，单击"修改"选项卡中的"编辑族"进入族环境，如图 3.5.12 所示。

单击选择文字"N"，在"属性"对话框中单击"编辑类型"，进入"类型属性"对话框，根据项目规定文字，编辑该

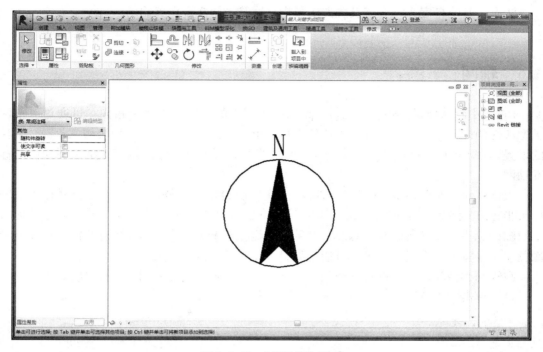

图 3.5.12 "编辑族"选项

文字类型属性，如图 3.5.13 所示。

图 3.5.13 "类型属性"对话框

注意：其他自定义族文字设置方法与指北针符号族文字设置相同。

3.6 轴网

Revit 中默认样板的轴网与现行二维出图规范中的轴网并不完全相同，可通过对轴网类型属性的设置，改变轴网外观，达到项目需求。轴网设置主要包括轴线颜色及轴号半径的设置，在 Revit 中可设置轴网类型及轴号族半径，形成符合国内现行二维出图规范的标准轴网。

根据《建筑制图标准》GB/T 50104—2010 及项目施工图轴网要求，项目样板中轴网标头半径分别设置为 4mm 和 5mm 两种，以满足不同轴号的半径需要；也可根据具体需求对轴网标头半径进行修改（修改可参见项目浏览器族管理）。轴网其他设置（轴线中段颜色、中段宽度、末段长度等）可通过编辑类型属性等进行设置。

在轴网类型属性中，可对轴线颜色、轴线线型、轴号端点显示等参数进行设置。

（1）单击"建筑"选项卡→"轴网"，如图 3.6.1 所示；

图 3.6.1 "轴网"选项

（2）选择轴网实例，在属性对话框中单击"编辑类型"，如图 3.6.2 所示；

图 3.6.2 "编辑类型"选项

（3）打开轴网类型属性对话框，单击"复制"，新建需要的轴网类型，此处命名为"××项目_4.0_0.7标准轴网"，如图 3.6.3 所示；

（4）对新建的轴网类型参数进行设置，具体参数设置如图 3.6.4 所示；

（5）轴网轴号半径的设置：轴网的轴号半径根据项目需要进行设置，在项目浏览器中族列表处进行。打开"项目浏览器"→"族"→"注释符号"→"符号—单圈轴号"，单击"单圈轴号—宽度系数",进行轴号半径设置,如图3.6.5~图3.6.7所示。

图 3.6.3 新建轴网类型

图 3.6.4 参数设置

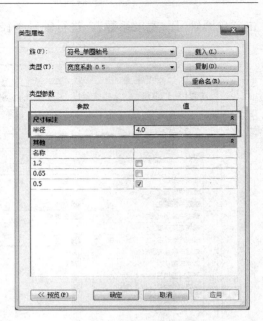

图 3.6.5 "族"选项　图 3.6.6 "单圈轴号"选项　图 3.6.7 轴号半径设置

根据《建筑制图标准》GB/T 50104—2010，轴号直径为 8～10mm，此处，轴号直径设置为 8mm，设置好的标准轴网如图 3.6.8 所示。

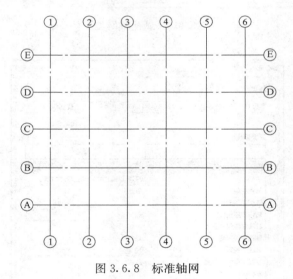

图 3.6.8 标准轴网

3.7 剖面标记

Revit 中默认的剖面标记不满足国内制图标准的要求。国标中的剖面标记包含的信息除了剖面标记及视图方向之外，还有剖面的顺序编号。在 Revit 中，可以使用 Revit 的族样板来制作符合国内制图标准的剖面标记族，再载入到项目中，进行剖面类型设置，即可在创建剖面时使用。

3.7.1 剖面标头族制作

下面以 L 形剖面标头族为例，介绍剖面标头族的制作：

（1）单击应用程序菜单中的"新建"→"族"→"注释（文件夹）"→"常规注释.rft"→"打开"；

（2）进入族环境后，单击"创建"选项卡→"族类别和参数"→"剖面标头"→"确定"，如图 3.7.1 所示；

（3）单击"创建"选项卡→"填充区域"→"不可见线"，绘制如图所示的 L 形填充区域→"完成"，如图 3.7.2、图 3.7.3 所示；

（4）单击"创建"选项卡→"标签"→"编辑标签"→添加"视图名称"，设置样例值为"1"，如图 3.7.4 所示；

（5）选中标签，确认"垂直对齐：中部"，"水平对齐：中心线"，"可见"和"可读"均钩选，如图 3.7.5 所示；

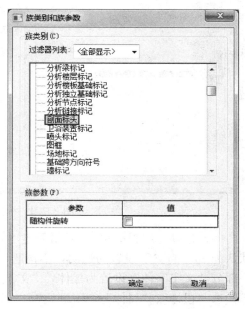

图 3.7.1 族类别和族参数的设置

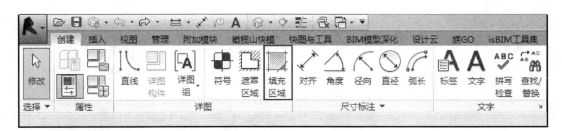

图 3.7.2 创建填充区域

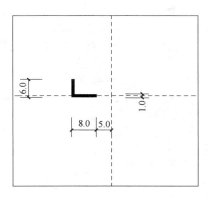

图 3.7.3 剖面标记初样

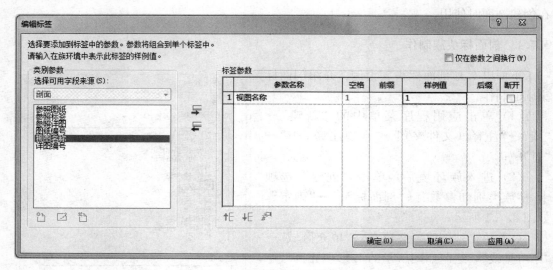

图 3.7.4　标签的参数及样例值设置

（6）选择"编辑类型"，复制新建"5mm 黑体"类型，修改"颜色"为黑色，"线宽"默认为 1，"背景"设置为透明，不钩选"显示边框"，"引线/边界偏移量"默认设置，文字部分"文字字体"设置为黑体，"文字大小"设置为 5.0mm，"标签尺寸"默认设置，不钩选"粗体"、"斜体"、"下划线"，"宽度系数"设置为 1.0，设置完成后单击"确定"，如图 3.7.6 所示；

（7）可配合使用键盘上的光标移动键适当移动标签使之正好位于剖面标头之上，如图 3.7.7 所示；

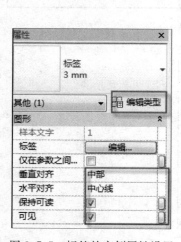

图 3.7.5　标签的实例属性设置

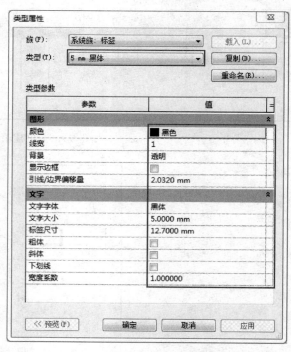

图 3.7.6　标签的类型属性设置

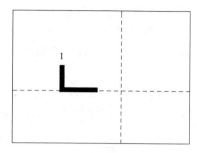

图 3.7.7 剖面标记

（8）单击"保存"→"族"→"选择文件保存位置"→"L 形剖面标头"→"载入到项目中"→"完成"。

3.7.2 剖面标头末端族制作

在项目文件中，剖面标头与剖面标头末端外观表现为镜像关系，但在族里面的外观显示却不一样。下面以 L 形剖面标头末端为例介绍。

基本操作步骤参照剖面标头族制作第 1～5 步，但在放置标签位置时应按照图 3.7.8 所示中的布局位置来放置剖切符号和标签，就可以在项目文件中正确的显示剖切符号，保存命名为"L 形剖面标头末端"，载入项目中即可。

3.7.3 剖面类型设置

在项目中规范设置剖面类型，使剖面的创建变得便捷且有利于管理，在本项目样板中以"L 形剖面"为例介绍剖面类型的设置。

（1）复制新建类型名称为"ＸＸ项目-L 形剖面"，如图 3.7.9 所示；

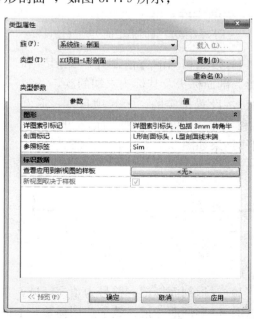

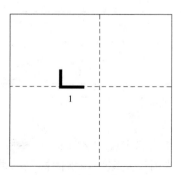

图 3.7.8 L 形剖面标头末端　　　　　图 3.7.9 剖面类型属性设置

33

（2）在"图形"编辑栏中单击"剖面标记"后的关联键进入修改（其他默认设置），复制新建"L形剖面标头，L形剖面标头末端"的类型，在"图形"栏中分别设置"剖面标头：L形剖面标头"，"剖面标头末端：L形剖面标头末端"，单击"确定"完成此项设置，如图 3.7.10 所示；

（3）在平面视图中任意位置放置剖面，选择放置的剖面，在属性栏中修改视图名称为"2"，则在视图中显示剖面标记的数字为"2"，如图 3.7.11 所示；

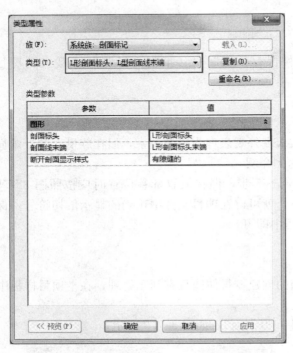

图 3.7.10 剖面标记的类型属性设置

图 3.7.11 视图名称设置

（4）按照相同的方法制作"一形"和"O形"剖面标头及其标头末端的族，并载入项目，设置相应的"××项目——一形剖面"和"××项目—O型剖面"的类型。所制作结果如图 3.7.12～图 3.7.14 所示。

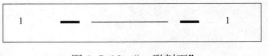

图 3.7.12 "一形剖面"

图 3.7.13 "L形剖面"

图 3.7.14 "O形剖面"

注意：

（1）一形剖面标记：符号为填充区域，数字为标签，参数选用视图名称；

（2）O形剖面标记：数字选用标签，上面的标签参数选用详图编号，下面标签参数选用视图编号。

34

3.8 视图标题

在 Revit 中，把视图拖入图纸中会出现视口，放置时底部会出现视口的名称，也就是视图名称。Revit 中自带的视图标题不符合我国制图习惯的表示方法，项目样板根据《房屋建筑制图统一标准》GB/T 50001—2010 中关于视图名称字体的规定制作相应的视图标题。

3.8.1 一般文字视图标题族制作

一般文字视图标题族制作的方法如下：

（1）单击应用程序菜单中的"新建"→"族"→"注释文件夹"→"公制常规注释.rft"→"打开"；

（2）进入族环境后，单击"创建"选项卡→"族类别和参数"→"视图标题"→"确定"，如图 3.8.1 所示；

（3）单击"创建"选项卡→"参照线"，绘制竖直参照线，使之与锁定的参照平面相距 75mm，并锁定这个距离，在左边放置一条竖直参照线，通过尺寸标注给两参照线间的距离标注并设置类型参数 b，如图 3.8.2 所示；

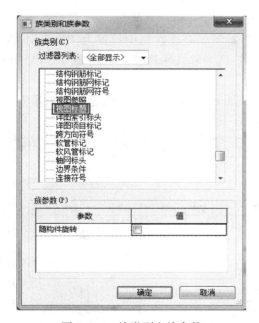

图 3.8.1 族类别和族参数

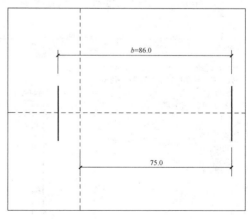

图 3.8.2 设置类型参数

（4）单击"创建"选项卡→"标签"→"编辑类型"，复制新建"7mm 视图名称"、"5mm 视图比例"两个类型，具体设置如图 3.8.3 和图 3.8.4 所示；

（5）使用"7mm 视图名称"和"5mm 视图比例"分别选择"视图名称"和"视图比例"作为标签参数（样例值设置如图 3.8.5 和图 3.8.6 所示），分别在合适位置放置标签，

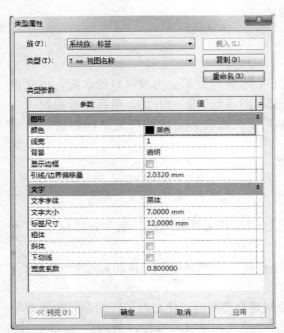

图 3.8.3 "7mm 视图名称"标签设置

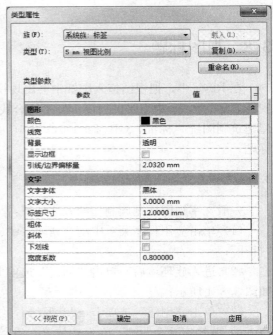

图 3.8.4 "5mm 视图比例"标签设置

选中"7mm 视图名称"标签，在属性栏中设置为"垂直对齐：中部"，"水平对齐：右"（钩选"可读"、"可见"），选中"5mm 视图比例"标签，在属性栏中设置为"垂直对齐：中部"，"水平对齐：左"（钩选"可读"、"可见"），适当移动两标签位置使之对齐，并与水平参照平面保持 2mm 的距离；

（6）单击"创建"选项卡→"填充区域"，在"7mm 视图名称"下创建如图 3.8.7 所

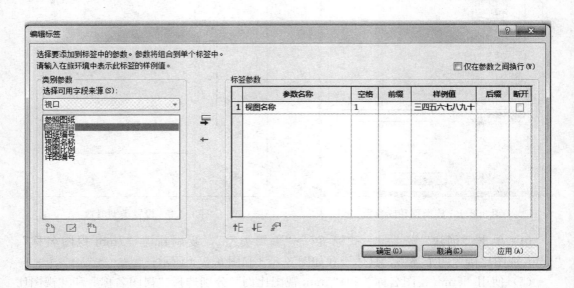

图 3.8.5 视图名称标签参数

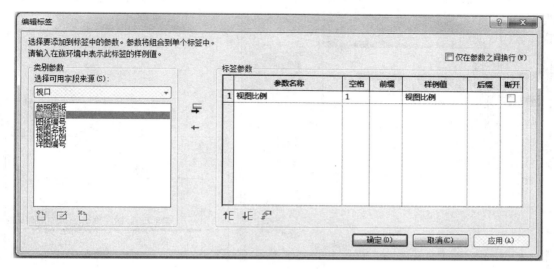

图 3.8.6　视图比例标签参数

示填充区域轮廓（不可见线），将填充区域左右两边分别对齐锁定到两边的参照线上，如图 3.8.8 所示；

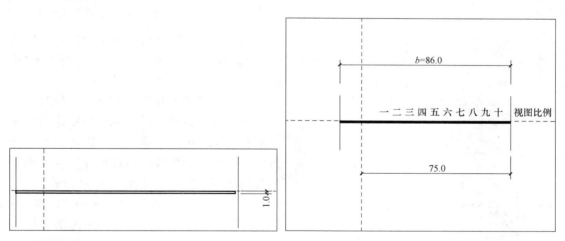

图 3.8.7　轮廓线　　　　　　　图 3.8.8　视图名称初样

（7）单击"创建"选项卡→"族类型"，新建类型命名为"×字标题"，如图 3.8.9 所示，改变参数 b 的值以对应不同字数的"×字标题"，测试不同字数的标题下面的填充区域是否设置正确，单击"族类型"对话框中的"确定"，完成一般文字标题族的制作，如图 3.8.10 所示；

（8）保存名为"××项目-视图标题"的文件并载入项目中。

3.8.2　剖面标题族制作

剖面标题族制作方法如下：

（1）单击应用程序菜单中的"新建"→"族"→"注释文件夹"→"公制常规注释.rft"→"打开"；

37

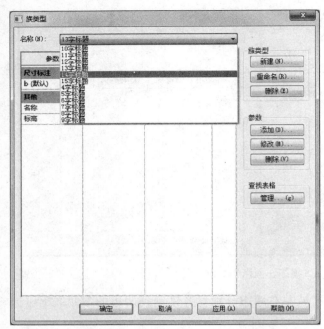

图 3.8.9　族类型创建

图 3.8.10　一般文字标题族样式

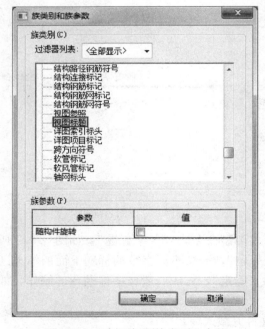

图 3.8.11　剖面标题族类别和参数

（2）进入族环境后，单击"创建"选项卡→"族类别和参数"→"视图标题"→"确定"，如图 3.8.11 所示；

（3）单击"创建"选项卡→"参照线"，在右边绘制竖直参照线，使之与锁定的参照平面相距 75mm，并锁定这个距离，在左边放置一条竖直参照线，通过尺寸标注给两参照线间的距离标注并设置类型参数 b；

（4）单击"创建"选项卡→"标签"→"编辑类型"，复制新建"7mm 视图名称"、"5mm 视图比例"两个类型，具体设置如图 3.8.12 和图 3.8.13 所示；

（5）使用"7mm 视图名称"和"5mm 视图比例"分别选择"视图名称"和"视图比例"作为标签参数（样例值设置图 3.8.14 和图 3.8.15 所示），分别在合适位置放置标签，选中"7mm 视图名称"标签，在其属性栏中设置为"垂直对齐：中部"，"水平对齐：中心线"（钩选"可读"、"可见"），选中"5mm 视图比例"标签，在其属性栏中设置为"垂直对齐：中部"，"水平对齐：中心线"（钩选"可读"、"可见"），适当移动两标签位置使之对齐并与水平参照平面保持 2mm 的距离，中间的横线使用"7mm 文字"，添加

"-"即可，如图 3.8.16 所示；

图 3.8.12 "7mm 视图名称"标签类型属性

图 3.8.13 "5mm 视图比例"标签类型属性

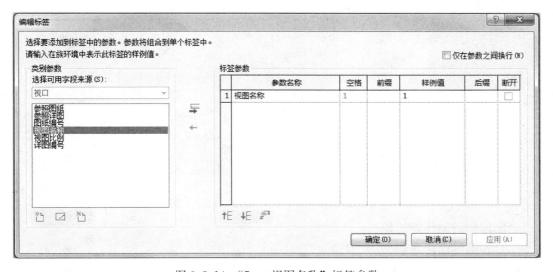

图 3.8.14 "7mm 视图名称"标签参数

（6）单击"创建"选项卡→"填充区域"，在"7mm 视图名称"下创建如图所示填充区域轮廓（不可见线）→"完成"，将填充区域左右两边分别对齐锁定到两边的参照线上，即完成剖面标题族的制作，如图 3.8.17 所示。

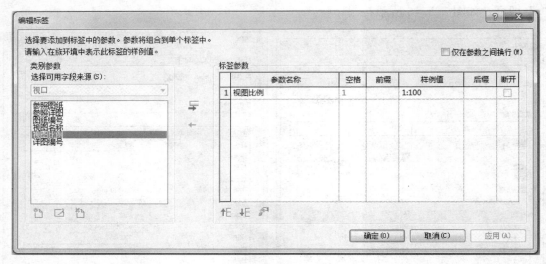

图 3.8.15 "5mm 视图比例"标签参数

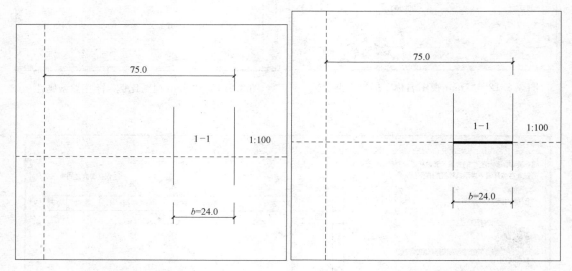

图 3.8.16 剖面标题族初样   图 3.8.17 剖面标题族样式

3.8.3 详图标题

详图标题的制作方法如下:

(1) 参照剖面标题第 1、2 步骤;

(2) 单击"创建"选项卡→"标签"→"编辑类型",复制新建"7mm 视图名称"、"5mm 视图比例"两个类型,具体设置如图 3.8.18 和图 3.8.19 所示。

(3) 使用"7mm 视图名称"和"5mm 视图比例"分别选择"视图名称"和"视图比例"作为标签参数(样例值设置如图 3.8.20、图 3.8.21 所示),分别在合适位置放置标签,选中"7mm 视图名称"标签,在属性栏中设置为"垂直对齐:中部","水平对齐:中心线"(钩选"可读"、"可见"),选中"5mm 视图比例"标签,在属性栏中设置为"垂直对齐：中部"，"水平对齐：中心线"（钩选"可读"、"可见"），适当移动两标签，使其正好位于图3.8.22所示位置；

图3.8.18 "7mm视图名称"标签类型属性设置　　图3.8.19 "5mm视图比例"标签类型属性设置

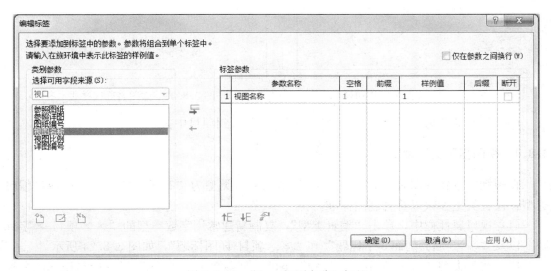

图3.8.20 "7mm视图名称"标签

（4）单击"创建"选项卡→"直线"→"视图标题"→"圆"，钩选中心标记可见，对齐锁定到竖直参照平面线上，适当移动圆圈使数字在圆圈正中央，如图3.8.23所示。

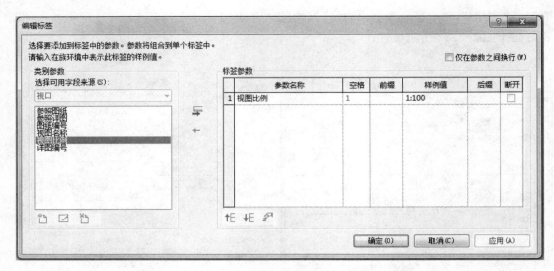

图 3.8.21 "5mm 视图比例"标签

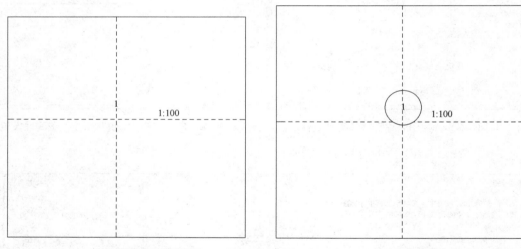

图 3.8.22 详图标题族初样　　　　　　　图 3.8.23 详图名称族样式

（5）保存命名为"××项目-详图标题"，并载入到项目中去。

3.8.4 视图标题类型设置

在图纸中放置视图时生成视口，Revit 默认视口类型为"有线条的标题"可通过编辑类型，设置类型参数以符合制图标准。

（1）视口属性栏中，单击"编辑类型"，复制新建常用字数类型的"××项目-×字标题"以及"××项目-剖面 3 字标题"和"××项目-详图标题"，如图 3.8.24 所示。

（2）在各类型"××项目-×字标题"下的类型参数中，"标题"栏选择与该视图名称相同字数的"××项目-×字标题"，在显示标题钩选"是"，不钩选"显示延伸线"，"线宽"、"颜色"及"线型图"默认设置（此三种参数控制延长线的属性）。完成类型设置后，选择与该视口的视图名称相同字数的"××项目-×字标题"→"确定"，如图 3.8.25 所示。

图 3.8.24 文字标题类型设置

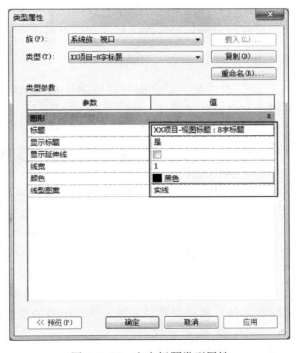

图 3.8.25 文字标题类型属性

以下是常用的三种视图标题形式：

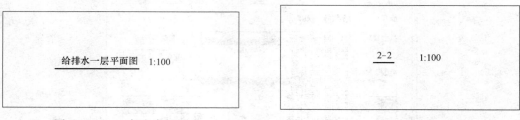

图 3.8.26　一般文字标题

图 3.8.27　剖面标题

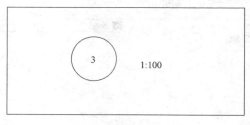

图 3.8.28　详图标题

3.9　封面与图框

各设计院在二维设计中都会用到标准的封面和图框，而 Revit 中自带的图框族并不能满足设计院的交付要求，因此需要按照企业的标准自行制作。本项目样板中的封面和图框的设置按照××××××设计院有限公司的标准封面和图框制作。

3.9.1　封面

本项目样板分别以"A1"和"A2"的图幅为基础制作相应图幅的封面，若需要其他图幅的封面可参照此制作流程进行相关设置。

（1）"新建"→"族"→"标题栏文件夹"→"A1 公制 . rft"→"打开"；

（2）给图框的外边界线长和宽设置尺寸标注并分别添加类型参数 L、B，在族参数中分别设置 $L=841\mathrm{mm}$，$B=594\mathrm{mm}$；

（3）单击"创建"选项卡→"标签"→"编辑类型"，新建类型"20mm 仿宋"、"20mm 黑体"、"50mm 黑体"的标签，如图 3.9.1 所示，在合适位置放置标签；

（4）单击"创建"选项卡→"文字"→"编辑类型"，新建类型"20mm 仿宋"、"20mm 仿宋窄体"、"23mm 黑体"、"50mm 黑体"、"13mm（英文）"的文字，如图 3.9.2 所示，在合适位置放置文字；

（5）封面族中需要填写和修改的标签文字如"顾客、工程名称、子项名称、工程编号、专业"等使用相应标签，并选择相应共享参数，共享参数的设置此处不作介绍，其余使用相应大小文字；

（6）封面族中所有文字和标签创建为组，制作完成的封面样式如图 3.9.3 所示；

图 3.9.1 标签类型属性设置

图 3.9.2 文字类型设置

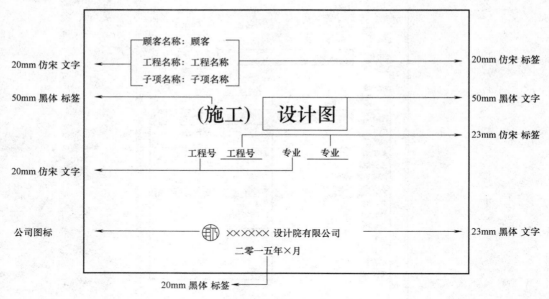

图 3.9.3　封面样式

XX项目-封面A1
XX项目-封面A2

图 3.9.4　封面族列表

（7）导入 DWG 格式的标准图框文件，参照制作，保存命名为"××项目-封面 A1"最后载入到项目中去，在族中的列表如图 3.9.4 所示。

同样的方法制作其他图幅的封面，可导入相应图幅标准封面 DWG 格式文件参照制作。

3.9.2　图框

本项目样板分别以"A0"、"A1"、"A2"及"A3"的图幅为基础制作相应图幅的图框，若需要其他图幅的图框，可参照此制作流程进行相关设置。根据《房屋建筑制图统一标准》GB/T 50001—2010 中规定"A0"、"A1"的图幅可按"长边加长 1/4"规则进行加长，其余图幅暂不使用加长图框。下面以"A3"的图框制作为例介绍，若需要其他图幅的加长图框可参照此制作流程进行相关设置。

（1）单击应用程序菜单中的"新建"→"族"→"标题栏文件夹"→"A3 公制 . rft"→"打开"；

（2）为图框的外边界线长和宽设置尺寸标注并分别添加类型参数 L、B，在族参数中分别设置 $L＝420mm$，$B＝297mm$；

（3）在绘制之前，可导入 A3 的 DWG 格式的文件，参照绘制；单击"创建"选项卡→"直线"，选择相应线型绘制图框的边框线和图签栏中的线；

注意：内边框用"粗边框线"、右侧图签栏内竖边框线及用于分割的横线使用"宽线"，图框最外边框线使用"细线"，其余使用"图框"线型，具体绘制如图 3.9.7 所示；

（4）单击"创建"选项卡→"标签"→"编辑类型"，新建类型"3mm 仿宋"、"3mm 仿宋窄体"、"3mm 仿宋窄体 2"、"3.5mm 仿宋"的标签，标签类型属性的设置如图 3.9.5 所示；在合适位置放置标签，如图 3.9.7 所示；

（5）单击"创建"选项卡→"文字"→"编辑类型"，新建类型"1.5mm 英文""2mm

英文"、"3mm 仿宋"、"3mm 英文"、"5mm 仿宋"的文字，文字类型属性的设置如图
3.9.6 所示；在合适位置放置文字，如图 3.9.7 所示；

图 3.9.5 标签类型属性设置   图 3.9.6 文字类型属性设置

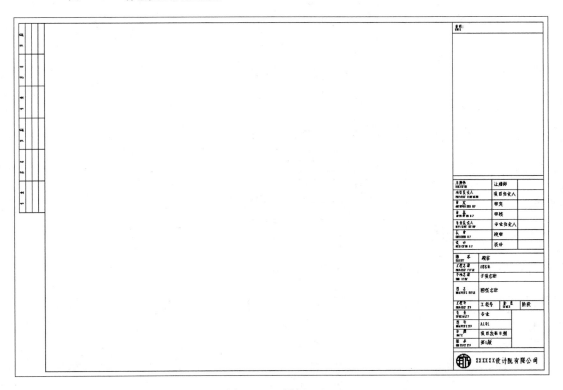

图 3.9.7 图框（A3）

47

（6）图框族中需要填写和修改的标签文字如"注册师、项目负责人、顾客、工程名称、子项名称、工程编号、专业"等使用相应标签，并选择相应共享参数，共享参数的设置此处不作介绍，其余使用相应大小的文字；

（7）图框族图签栏中的文字、标签及线需创建为组，如图 3.9.8 所示；

（8）图框族会签栏中的文字及线需创建为组，如图 3.9.9 所示；

（9）保存命名为"××项目-公制 A3"，最后载入到项目中。

同样的方法制作其他图幅的图框，可导入相应图幅标准图框 DWG 格式文件参照设置与制作，载入制作完成的图框后，项目浏览器中的图框列表如图 3.9.10 所示。

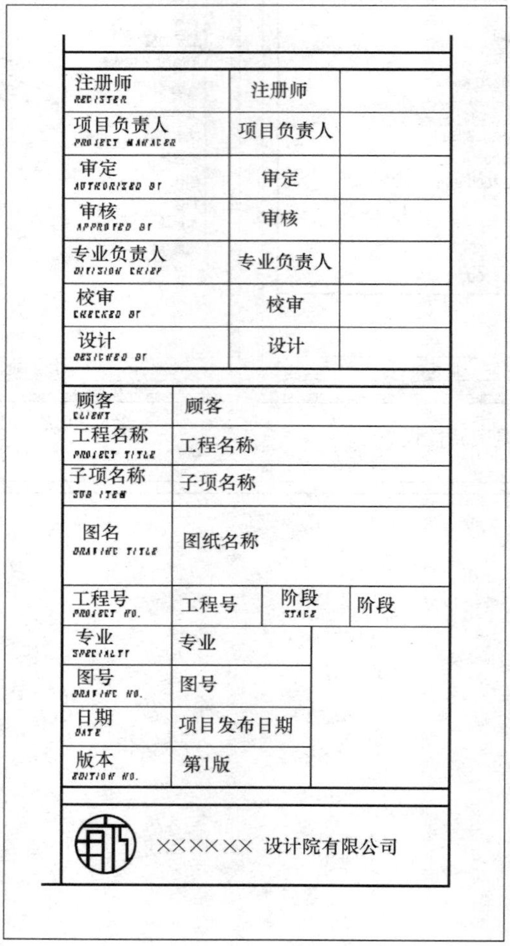

注册师 REGISTER	注册师		
项目负责人 PROJECT MANAGER	项目负责人		
审定 AUTHORIZED BY	审定		
审核 APPROVED BY	审核		
专业负责人 DIVISION CHIEF	专业负责人		
校审 CHECKED BY	校审		
设计 DESIGNED BY	设计		

顾客 CLIENT	顾客		
工程名称 PROJECT TITLE	工程名称		
子项名称 SUB ITEM	子项名称		
图名 DRAWING TITLE	图纸名称		
工程号 PROJECT NO.	工程号	阶段 STAGE	阶段
专业 SPECIALTY	专业		
图号 DRAWING NO.	图号		
日期 DATE	项目发布日期		
版本 EDITION NO.	第1版		

×××××× 设计院有限公司

图 3.9.8　图签栏（A3）

专业	签名	日期	专业	签名	日期

图 3.9.9　会签栏（A3）

⊞ XX项目-公制A0

⊞ XX项目-公制A0+1

⊞ XX项目-公制A0+1f2

⊞ XX项目-公制A0+1f4

⊞ XX项目-公制A0+3f4

⊞ XX项目-公制A1

⊞ XX项目-公制A1+1

⊞ XX项目-公制A1+1f2

⊞ XX项目-公制A1+1f4

⊞ XX项目-公制A1+3f4

⊞ XX项目-公制A2

⊞ XX项目-公制A3

图 3.9.10　项目浏览器中的图框列表

3.9.3　项目参数设置

制作图框及封面族时，使用到了共享参数，因此在载入图框后需要在项目管理中进行设置，才能正常显示。

（1）单击"管理"选项卡→"项目参数"→"添加"；

（2）"参数属性"→"共享参数"→"类别"钩选"项目信息"→"参数分组方式：其他"→"实例"，具体如图 3.9.11 所示；

（3）单击"选择"进入"共享参数"对话框，参数组选择导出的参数（需在族中将共享参数设置后分别导出），分别选择所需的参数，同样的方法逐个添加图框中其他的共享参数。

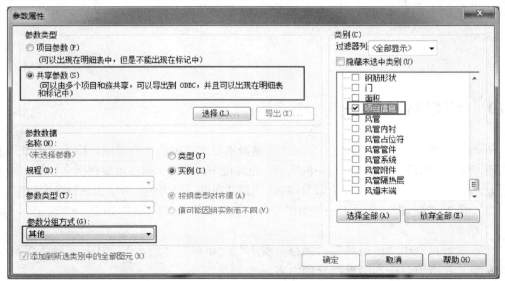

图 3.9.11　共享参数的添加及设置

（4）单击"管理"选项卡→"项目信息"，按照需求填写其他栏中的添加的共享参数，如图 3.9.12 所示，单击"确定"即完成共享参数的设置。在此处设置好共享参数后，可在添加图框的图签栏中双击进行修改。

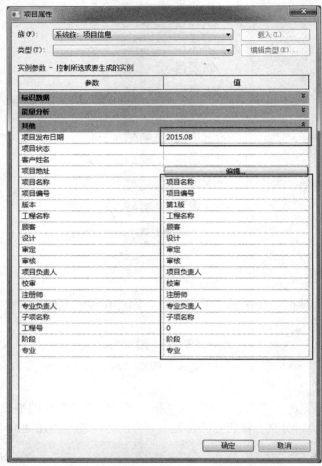

图 3.9.12 项目信息设置

3.10 图纸目录

Revit 可以像统计构件明细表一样统计和编辑项目文件中的所有视图，称为"图纸列表"。图纸列表可以帮助设计师管理项目中的视图、跟踪视图的状态、确保重要视图会显示在施工图图纸上。以××××××设计院有限公司 A3 图幅的图纸目录为例，介绍图纸目录的制作。

（1）单击"视图"选项卡→"图纸"→"××项目-公制 A3"图框→"确定"，如图 3.10.1 所示；

（2）图纸目录中"注册师"、"项目负责人"、"审定"、"顾客"、"工程名称"等标签添加请参照 3.9 章节封面与图框部分的内容；

（3）各专业"图纸"名称按照出图顺序进行排列，如图 3.10.2 所示；

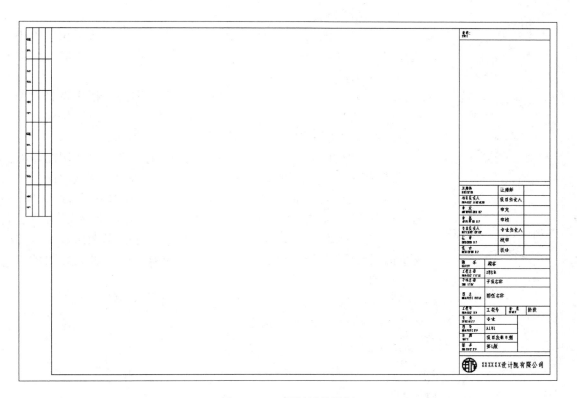

图 3.10.1 图纸目录图框

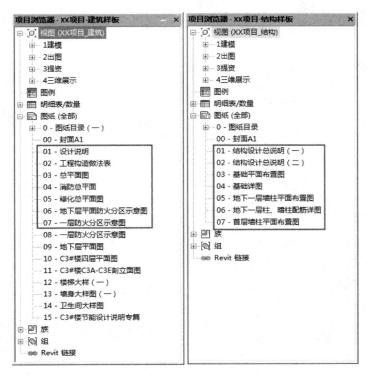

图 3.10.2 图纸列表名称

51

图 3.10.3 "图纸列表"命令

（4）图纸列表设置

1）单击"视图"选项卡中的"明细表"工具，从下拉菜单中选择"图纸列表"命令，打开"图纸列表属性"对话框，如图 3.10.3 所示；

2）设置"字段"属性：在左侧"可用的字段"栏中选择"图纸名称"、"图纸编号"等字段，单击"添加（A）->"按钮将其加入到右侧"明细表字段"栏中，如图 3.10.4 所示；

3）在"可用的字段"中没有出现的"序号"、"采用图号"、"图幅"等字段，需要使用"添加参数"与"计算值"来添加；

4）单击"计算值"添加"序号"字段，在名称中输入"序号"，"规程"与"类型"分别设置为"公共"和"文字"，并且公式选用"图纸编号"，此处序号选用图纸编号是为了图纸在编写名称的时候沿用图纸编号的数字，避免手动填写序号可能导致的失误，如图 3.10.5 和图 3.10.6 所示；

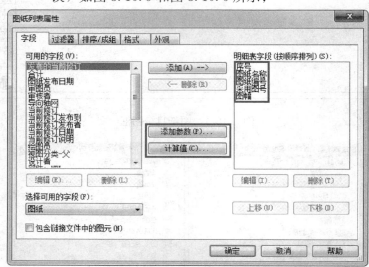

图 3.10.4　图纸列表"明细表字段"

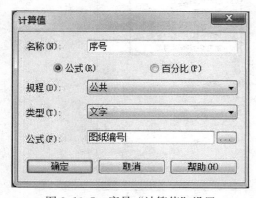

图 3.10.5　序号"计算值"设置

序号	图纸名称	图纸编号
01	设计说明	01
02	工程构造做法表	02
03	总平面图	03
04	消防总平面	04
05	绿化总平面图	05
06	地下层平面防火分区示意图	06
08	一层防火分区示意图	08
09	地下层平面图	09
10	C3#楼四层平面图	10
11	C3#楼C3A-C3E剖立面图	11
12	楼梯大样（一）	12
13	墙身大样图（一）	13
14	卫生间大样图	14
15	C3#楼节能设计说明专篇	15

图 3.10.6　图纸列表视图

5）"图幅"与"采用图号"字段使用"添加参数"命令来新建，在参数属性中选择过滤器列为"结构"，类别属性为"图纸"，参数分组方式选择为"文字"，如图 3.10.7 所示；单击"参数属性"对话框中的"确定"，完成参数添加，在"明细表字段"中点击"上移"或"下移"对"序号"、"图纸名称"、"图纸编号"、"采用图号"以及等字段进行排序；

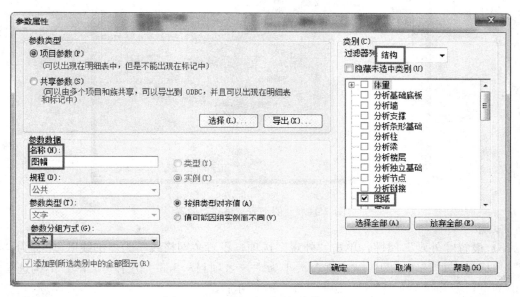

图 3.10.7　明细表"添加参数"设置

6）在明细表"过滤器"中需要对图纸列表中不需要显示出来的"图纸目录"与"封面"进行隐藏。选择过滤条件为"序号不等于 0"与"序号不等于 00"，可过滤隐藏，因为在此模板中"图纸目录"与"封面"的图纸编号设定为"0""00"，如图 3.10.8 所示；

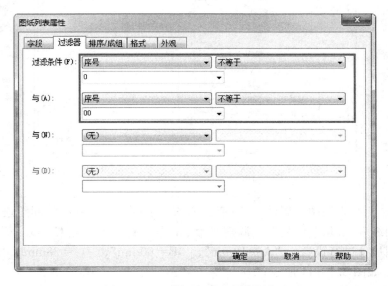

图 3.10.8　明细表"过滤器"设置

7）设置"格式"属性：在"字段"中除"图纸名称"为"对齐—左"外，其余选择为"对齐—中心线"，如图 3.10.9 所示。

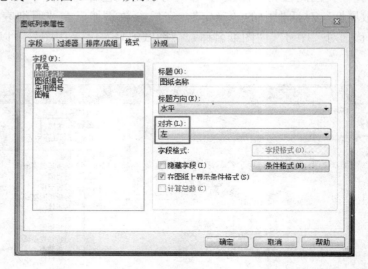

图 3.10.9 明细表"格式"设置

8）设置"外观"属性：单击"外观"选项，设置"网格线"为"细线"，轮廓为"细线"，"标题文本"、"标题"、"正文"大小为"××项目 _ 3.5 _ 仿宋 _ 0.7"，不钩选"数据前的空行"和"显示标题"，如图 3.10.10 所示；

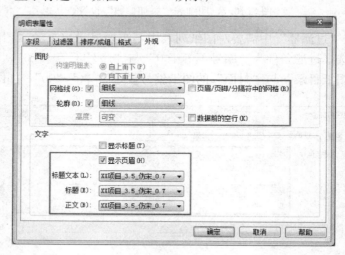

图 3.10.10 明细表"外观"设置

9）设置"明细表视图"属性："明细表视图"中可以对"列"的间距进行尺寸设置，选择"修改明细表/数量"→"列"→"调整"命令，分别对"A、B、C、D、E"列尺寸大小按照标准制图尺寸进行设置，"A＝12mm"、"B＝60mm"、"C＝28mm""D＝28mm"、"E＝16mm"，如图 3.10.11 所示；

10）"明细表视图"中需要手动填写"图幅"内的图框大小，如图 3.10.12 所示；

A	B	C	D	E
序号	图纸名称	新制图号	采用图号	图幅
01	设计说明	01		A1
02		02		A1
03		03		A1
04		04		A1
05		05		A1
06		06		A0+3/4
07		07		A0

（弹出对话框）调整柱尺寸　尺 12.0000 mm　确定　取消

图 3.10.11　明细表"行间距"设定

A	B	C	D	E
序号	图纸名称	图纸编号	采用图号	图幅
01	设计说明	01		A1
02	工程构造做法表	02		A1
03	总平面图	03		A1
04	消防总平面	04		A1
05	绿化总平面图	05		A1
06	地下层平面防火分区示意图	06		A0+3/4
08	一层防火分区示意图	08		A0+1/2
09	地下层平面图	09		A0+1/2
10	C3#楼四层平面图	10		A0+1/2
11	C3#楼C3A-C3E剖立面图	11		A0+1/2
12	楼梯大样（一）	12		A0+1/2
13	墙身大样图（一）	13		A0+1/2
14	卫生间大样图	14		A0+1/2
15	C3#楼节能设计说明专篇	15		A0+1/2

图 3.10.12　明细表"图幅"设置

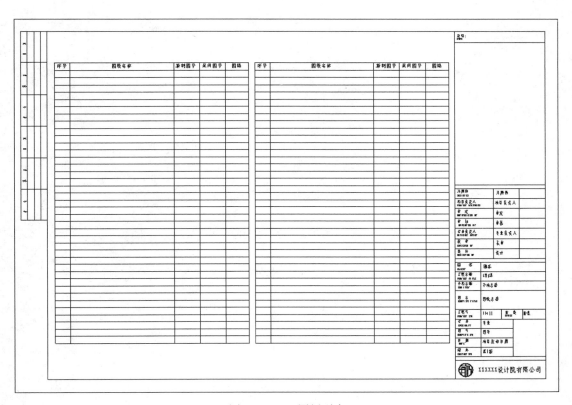

图 3.10.13　图纸列表

11）将设置完成的"图纸列表"，拖拽到"图纸目录"视图中，并且调整"图纸列表"最左侧与最上侧的距离。其中，"图纸列表"距离左侧边框为 12mm，距离上侧边框为 30mm，选择图纸中的"图纸列表"单击中间折断符号可对"图纸列表"进行分页处理，如图 3.10.13 所示；

12）保存并关闭文件，至此图纸列表已设置完成。一个项目设计文件，辅以井然有序的图纸列表及图纸命名规则，彻底改变了传统 2D 设计模式下互不关联的文件夹、文件、视图等低效的设计现状，在提升设计效率的同时极大地提升了设计质量。

4 建筑篇

项目样板的设置是一个项目开始的先决条件，除公共设置项外，因各专业规范及BIM应用目标差异，各专业项目样板中还包括一些不同于其他专业的设置，以满足各专业的项目实施需要，本篇将对建筑专业中线宽、线样式等设置项进行详细的介绍。

4.1 线宽

4.1.1 线宽的基本设置

单击"管理"选项卡→"其他设置"→"线宽"，打开"线宽"对话框。线宽对话框中包括：模型线宽、透视图线宽、注释线宽。其中，模型线宽控制墙、窗等对象的线宽，透视图线宽控制透视图中对象（如墙和窗）的线宽，注释线宽控制剖面和尺寸标注等对象的线宽（注释线宽与视图比例和投影方法无关）。线宽一共有16种，每一种线宽可根据不同的视图比例指定大小，单击单元格可修改线宽，如图4.1.1和图4.1.2所示。

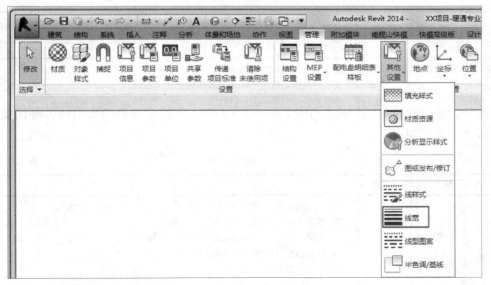

图4.1.1 "线宽"选项

4.1.2 线宽的设置依据

（1）根据《建筑制图标准》GB/T 50104—2010，建筑设计图中图线的宽度 b，应根据图样的复杂程度和比例，并按现行国家标准《房屋建筑制图统一标准》GB/T 50001—

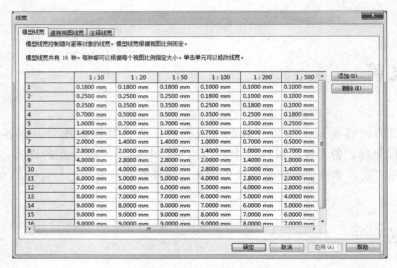

图 4.1.2　Revit 中默认模型线宽

2010 中规定：图线的宽度 b，宜从 1.4mm、1.0mm、0.7mm、0.5mm、0.35mm、0.25mm、0.18mm、0.13mm 线宽系列中选取，图线宽度不应小于 0.1mm，每个图样，应根据复杂程度与比例大小，先选定基本线宽 b，再选用表 4.1.1 中相应的线宽组。

线宽组（mm）　　　　　　　　　　　　　　　　表 4.1.1

线宽比	线宽组			
	1.4	1.0	0.7	0.5
$0.7b$	1.0	0.7	0.5	0.35
$0.5b$	0.7	0.5	0.35	0.25
$0.25b$	0.35	0.25	0.18	0.13

注：1. 需要缩微的图纸，不宜采用 0.18 及更细的线宽。
　　2. 同一张图纸内，各不同线宽中的细线，可统一采用较细的线宽组的细线。

（2）根据《建筑制图标准》GB/T 50104—2010，建筑专业制图采用的各种图线，应符合表 4.1.2 的规定。

图线　　　　　　　　　　　　　　　　表 4.1.2

名　称		线宽	一　般　用　途
实线	粗	b	1. 平、剖面图中被剖切的主要建筑构造（包括构配件）的轮廓线 2. 建筑立面图或室内立面图的外轮廓线 3. 建筑构造详图中被剖切的主要部分的轮廓线 4. 建筑构配件详图中的外轮廓线 5. 平、立、剖面图的剖切符号
	中粗	$0.7b$	1. 平、剖面图中被剖切的次要建筑构造（包括构配件）的轮廓线 2. 建筑平、立、剖面图中建筑构配件的轮廓线 3. 建筑构造详图及建筑构配件详图中的一般轮廓线
	中	$0.5b$	小于 $0.7b$ 的图形线、尺寸线、尺寸界线、图例线、索引符号、标高符号、详图材料做法引出线、粉刷线、保温层线、地面、墙面的高差分界线等
	细	$0.25b$	图例填充线、家具线、纹样线等

名　　称		线宽	一　般　用　途
虚线	中粗	$0.7b$	1. 建筑构造详图及建筑构配件不可见的轮廓线 2. 平面图中的起重机(吊车)轮廓线 3. 拟扩建的建筑物轮廓线
	中	$0.5b$	投影线、小于 $0.5b$ 的不可见轮廓线
	细	$0.25b$	图例填充线、家具线等
单点画线	粗	b	起重机(吊车)轨道线
单点 长画线	细	$0.25b$	中心线、对称线、定位轴线
折断线	细	$0.25b$	部分省略表示时的断开线
波浪线	细	$0.25b$	部分省略表示时的断开界线,曲线形构件间断开限构造层次的断开界线

注：地平线宽可用 $1.4b$。

4.1.3　线宽的具体设置

根据线宽的设置依据对建筑专业项目样本中的线宽进行设置。对于模型线宽，当视图比例≥1∶100 时，选用 $b=0.7$mm 的线宽组；当视图比例＜1∶100 时，选用 $b=0.5$mm 的线宽组，具体设置如图 4.1.3 所示。

图 4.1.3　线宽设置

透视图线宽及注释线宽与视图比例无关，选用 $b=0.5$mm 的线宽组进行设置，具体设置如图 4.1.4 和图 4.1.5 所示。

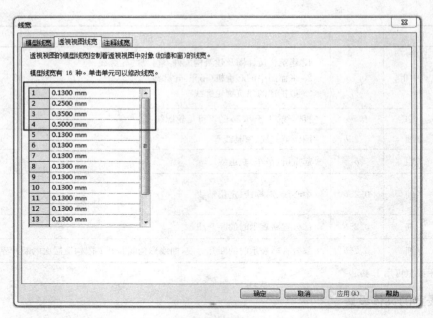

图 4.1.4 "透视视图线宽"设置

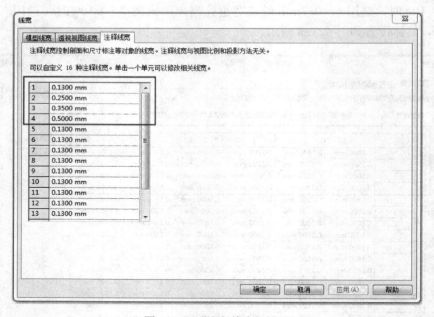

图 4.1.5 "注释线宽"设置

4.2 线样式

当安装和运行 Revit 后，多种线样式会包含在项目样板中。每种预定义的线样式都有名称，说明该线的特点（例如点画线）。线样式的设置是保证图线图元外观样式的关键，主要用于绘制详图线和模型线，如图 4.2.1 和图 4.2.2 所示。

图 4.2.1 "详图线"选项

图 4.2.2 详图线中线样式的选择

4.2.1 线样式的基本设置

单击"管理"选项卡→"其他设置"→"线样式"，打开线样式对话框，可修改已有的线样式的线宽、线颜色及线型图案，也可以根据需要新建线样式，如图 4.2.3、图 4.2.4 所示。

图 4.2.3 "线样式"选项

4.2.2 导入 CAD 底图预设线样式

可通过导入建筑专业的 CAD 底图，导入底图中的图层作为线样式。

（1）导入一个包含建筑专业常用图层的 CAD 文件，图层选项为"全部"，以保证能

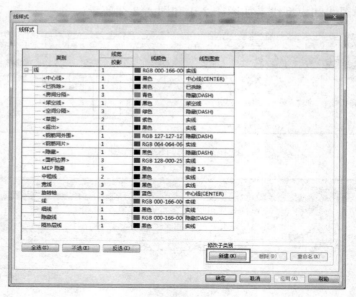

图 4.2.4 "线样式"对话框

导入所有图层，如图 4.2.5、图 4.2.6 所示；

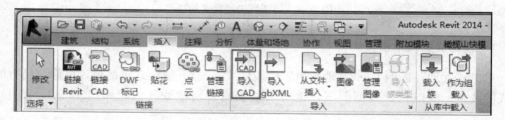

图 4.2.5 "导入 CAD"选项

图 4.2.6 "导入 CAD 格式"对话框

（2）导入后，选中底图，在功能区中选择"分解"→"完全分解"，分解导入的 CAD 图形，如图 4.2.7 所示；

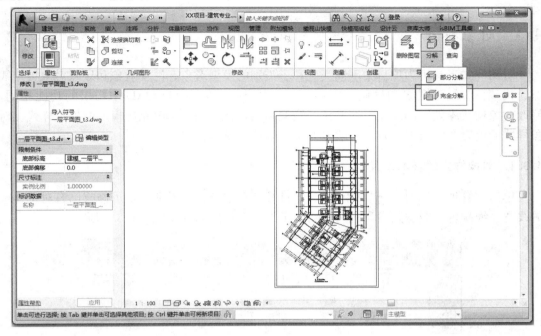

图 4.2.7 "完全分解"选项

（3）再打开"线样式"对话框，与 CAD 底图中的图层同名的线样式会出现在列表中，可对其修改，如图 4.2.8 所示。

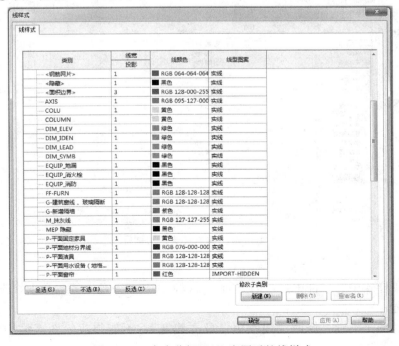

图 4.2.8 完全分解 CAD 底图后的线样式

删除所有导入的图元，不影响"线样式"中已经导入的与 CAD 图层同名的线样式。

4.3 对象样式

对象样式工具可为项目中不同类别和子类别的模型对象、注释对象和导入对象指定线宽、线颜色、线型图案和材质。Revit 中，对象样式的功能与 CAD 中图层的功能相同，修改对象样式中类别的线宽、线颜色、线型图案，即可同步修改相应模型的外观样式。对象样式的设置非常重要，直接影响专业出图效果及质量。

4.3.1 对象样式的基本设置

单击"管理"选项卡→"对象样式"，打开"对象样式"对话框，可修改已有对象样式的线宽、线颜色、线型图案，也可以新建子类别。如图 4.3.1、图 4.3.2 所示。

图 4.3.1 "对象样式"选项

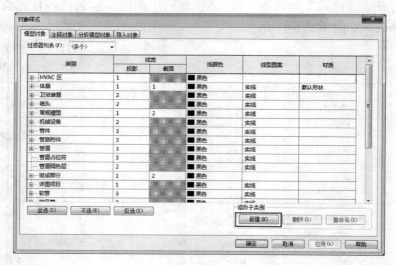

图 4.3.2 "对象样式"对话框

注意：

（1）对象样式中，软件中自带的类别，可以通过"线颜色"等参数来修改绘图区域中模型的外观显示；

（2）新建的子类别，修改"线颜色"及"线宽"，不能修改绘图区域中模型的外观显示。

4.3.2 对象样式中类别参数的设置依据

建筑专业项目样板中，"对象样式"的"过滤器类列表"中，只钩选"建筑"，对建筑列表下的类别进行"线宽"、"线颜色"、"线型图案"的设置。线宽、线型图案根据 4.1.2 节表 4.2 中的内容进行设置，主要对模型对象及注释对象下的类别进行设置。

4.4 材质

项目各专业对 BIM 模型材质要求不同，建筑专业材质需求主要体现为 BIM 模型构件在设计各阶段对材质信息量的要求及可视化表现需求。项目情况各异，对应的材质要求也不同。

材质建立原则：基于项目定位，分设计阶段建立项目材质、方案阶段材质、初设阶段材质、施工图阶段材质、预施工阶段材质等。

材质创建方法为：

（1）打开"管理"选项卡→"材质"，如图 4.4.1 所示，根据项目材质需要，新建材质，对新建材质的名称、颜色、表面填充图案、截面填充图案进行设置，或者对已有的材质进行修改；

图 4.4.1 "材质"选项

（2）在打开的材质浏览器对话框中，单击"新建材质"，右击新建的材质，对其进行"重命名"，如图 4.4.2 所示；

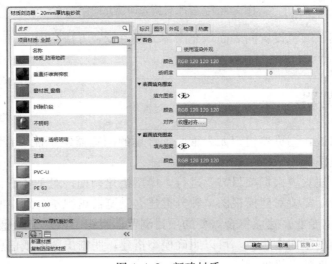

图 4.4.2 新建材质

（3）对材质的颜色进行设置，修改材质颜色，如图 4.4.3 所示；

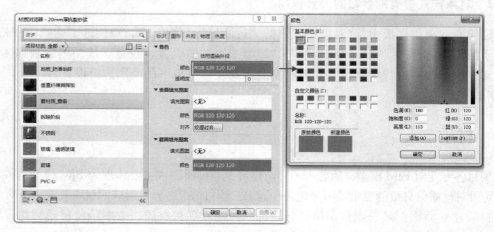

图 4.4.3　修改材质颜色

（4）修改材质表面填充图案，如图 4.4.4 所示；

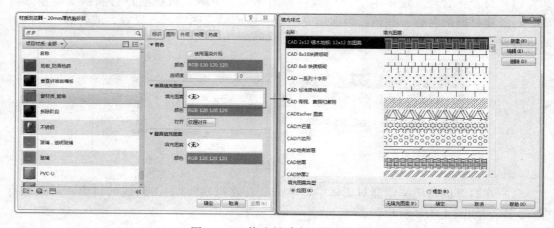

图 4.4.4　修改材质表面填充图案

截面填充图案、颜色设置同表面填充图案、颜色设置方法相同。

4.5　项目浏览器

对设计人员来说，浏览器组织尤为重要，合理的浏览器组织能够帮助设计人员更好、更方便的提资、出图等。

项目浏览器的建立应根据项目需要进行，模型搭建初期，对于各平、立、剖视图依赖较大，为方便查看，需要对建模视图单独分类建立浏览器组织子类别；亦可根据不同专业（建筑、结构、机电专业）建立符合需要的项目浏览器组织。以建筑专业为例，划分建模、出图、提资、三维展示四个版块，可以明确模型搭建，明晰出图图纸信息，方便与其他专业的协同，方便后期的三维展示。

4.5.1 新建需要的项目参数

（1）可根据需要新建项目参数，在建筑专业项目样板中新建"视图分类-父、视图分类-子"项目参数，单击"管理"选项卡→"项目参数"，在项目参数对话框中进行设置，如图 4.5.1 所示；

图 4.5.1 "项目参数"选项

（2）添加项目参数，并命名，如图 4.5.2 所示；

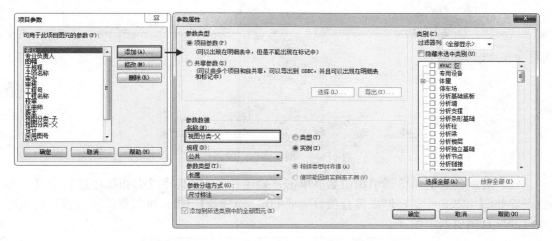

图 4.5.2 添加项目参数

（3）"视图分类-父"参数设置如图 4.5.3 所示。

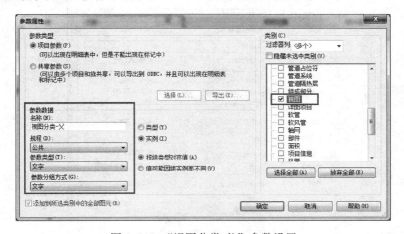

图 4.5.3 "视图分类-父"参数设置

"视图分类-子"项目参数创建方法与"视图分类-父"相同。

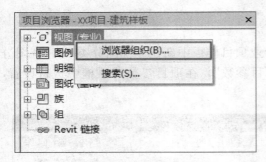

图 4.5.4 "浏览器组织"选项

4.5.2 项目浏览器组织设置

（1）右击"项目浏览器"→"视图"→选择快捷菜单中的"浏览器组织"，打开"浏览器组织"对话框。通过新建命令，以新建"不在图纸上"为例，建立新的视图浏览器组织形式，单击"新建"并命名，此处命名为"××项目 _ 建筑样板"，如图 4.5.4、图 4.5.5 所示；

图 4.5.5 浏览器组织的新建

（2）对新创建的浏览器组织命名后单击"确定"，对浏览器成组和排序进行定义，参数设置如图 4.5.6 所示，形成符合项目需要的项目浏览器组织。可根据需要设置符合实际项目的项目浏览器组织；

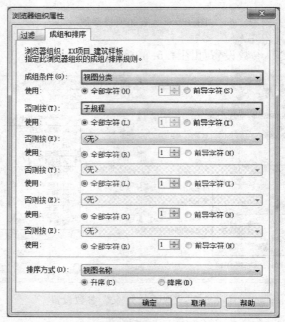

图 4.5.6 建筑专业浏览器组织属性参数设置

（3）完成项目浏览器的成组和排序之后，需要对平面、立面、剖面的视图样板进行设定，平面视图样板设置如图 4.5.7～图 4.5.9 所示；

图 4.5.7 "楼层平面"选项

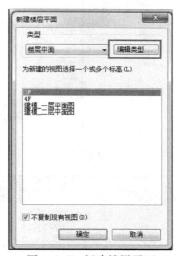

图 4.5.8 新建楼层平面

图 4.5.9 平面视图样板设置

（4）立面视图样板的设置如图 4.5.10、图 4.5.11 所示；

（5）剖面设置如图 4.5.12、图 4.5.13 所示；

（6）创建好的建筑专业项目浏览器组织如图 4.5.14 所示。

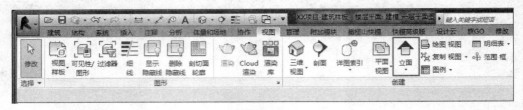

图 4.5.10　"立面"选项

图 4.5.11　立面视图样板设置

图 4.5.12　"剖面"选项

图 4.5.13　剖面视图样板设置

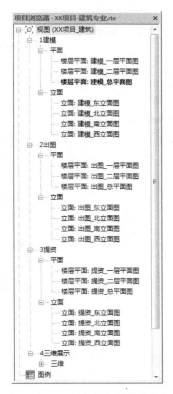

图 4.5.14　建筑专业浏览器组织

4.6 视图样板

4.6.1 建筑专业视图样板

建筑专业的视图类型主要有平面图、立面图、剖面图、大样图、面积平面、分区示意、三维视图等，按照不同的视图类型设置相应的视图样板，下面以"A-1-2 建筑平面图出图"的视图样板为例介绍设置流程：

（1）单击"视图"选项卡→"视图样板"→"管理视图样板"→"复制新建"→"设置名称"→"确定"，如图 4.6.1 所示；

（2）视图比例：此样板暂设置为"1∶100"；

（3）显示模型：此样板暂设置为"标准"；

（4）详细程度：此样板暂设置为"粗略"；

（5）零件可见性：此样板暂设置为"显示两者"；

（6）V/G 替换模型：逐个钩选建筑专业所需图元的可见性，并根据所需的显示样式设置图元的显示样式，完成设置后单击"确定"，如图 4.6.2 所示；

（7）V/G 替换注释：设置相应视图所需注释的可见性和线型，完成设置后单击"确定"，如图 4.6.3 所示；

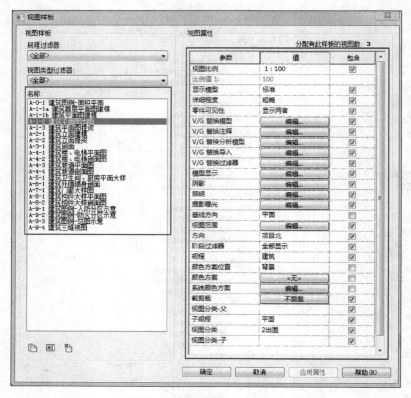

图 4.6.1　视图样板属性设置

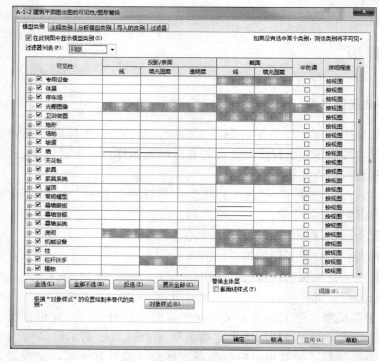

图 4.6.2　建筑专业视图样板模型类别图元的可见性的设置

（8）V/G替换分析模型：按需要设置分析模型类别的可见性，此样板暂设置为全部不可见，如图4.6.4所示；

（9）V/G替换导入：设置导入类别的可见性，此样板暂设置为全部可见，如图4.6.5所示；

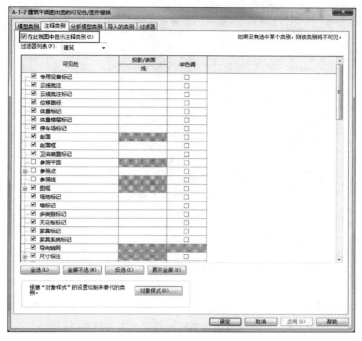

图4.6.3 建筑专业注释类别图元的可见性的设置

图4.6.4 建筑专业视图样板分析模型类别可见性的设置

（10）V/G替换过滤器：添加建筑专业所需的过滤器，设置各过滤器的线型、颜色及填充样式，此视图暂未添加，若需要则新建过滤器并添加，设置完成后确定，如图4.6.6所示；

图 4.6.5　建筑专业视图样板导入类别可见性的设置

图 4.6.6　建筑专业视图样板过滤器的设置

（11）模型显示：选择适合该视图的显示样式，此样板暂设置为："隐藏线"，设置完成后单击"确定"，如图4.6.7所示；

（12）阴影、照明、摄影曝光：按照模型显示样式来设置相应的值，此视图样板默认设置；

（13）基线方向：默认为平面，此项在包含栏未钩选；

（14）视图范围：设置该视图样板的视图范围，此样板暂设置为："顶：2300mm"，"剖切面：1200mm"，底和视图深度均为0，如图4.6.8所示；

图4.6.7　建筑专业视图样板图形显示的设置　　图4.6.8　建筑专业视图样板视图范围的设置

（15）方向：默认为项目北；

（16）阶段过滤器，按需设置，此样板暂设置为"全部显示"；

（17）规程：选择"建筑"；

（18）颜色方案位置：默认为"背景"，此项在包含栏未钩选；

（19）颜色方案：按需要选择或添加颜色方案，此视图样板设置为无，且此项在包含栏未钩选，若已添加颜色方案，需在包含栏进行钩选；

（20）系统颜色方案："编辑"，按需要选择或添加颜色方案，此视图样板不进行设置，且此项在包含栏未钩选；

（21）"子规程"、"视图分类"的设置与浏览器组织设置有关，此部分可参照浏览器组织设置相关内容。

4.6.2　建筑专业视图样板应用

1. 新建视图时，可为其指定视图样板，以便所新建的视图按照浏览器组织规律出现在项目浏览器列表中。

（1）单击"视图"选项卡→"平面视图"→"楼层平面"→弹出"新建楼层平面"对话框，如图4.6.9所示；

（2）单击"编辑类型"→弹出"类型属性"对话框，如图4.6.10所示；

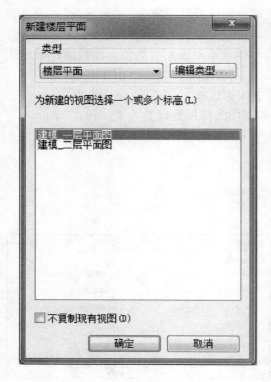

图 4.6.9 新建楼层平面 1

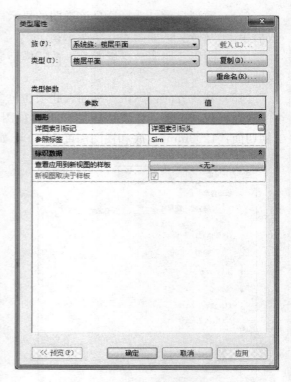

图 4.6.10 楼层平面类型属性 1

（3）类型：可通过复制新建楼层平面类型，单击"复制"→弹出"名称对话框"→删除原有名称"楼层平面 2"→输入名称"建模平面"→单击"确定"返回"类型属性"对话框，同样的方法复制新建"出图平面"和"提资平面"等类型；

（4）在"类型属性"对话框中，选择"类型"为"建模平面"；

（5）类型参数：此处默认设置；

（6）标识数据：单击"查看应用到新视图的样板"后默认的"无"，进入到"应用视图样板"对话框中，如图 4.6.11 所示；

（7）选择上一节设置的视图样板，此处选择"A-1-1b 建筑平面图建模"（若是首层，可选择"A-1-1a 建筑首层平面图建模"）→单击底部的"确定"→返回"类型属性"对话框；

（8）新视图取决于样板：此处暂设置为钩选，完成楼层平面类型属性的设置，如图 4.6.12 所示，同样的方法为"出图平面"应用视图样板"A-1-2 建筑平面图出图"，为"提资平面"应用视图样板"A-1-3 建筑平面图提资"；

（9）单击底部的"确定"返回"新建楼层平面"对话框；

（10）根据需求选择新建视图的类型，此处选择类型为"建模平面"，如图 4.6.13 所示；

（11）不复制现有视图：可通过钩选"不复制现有视图"来隐藏已创建视图的标高，此处设置为不钩选；

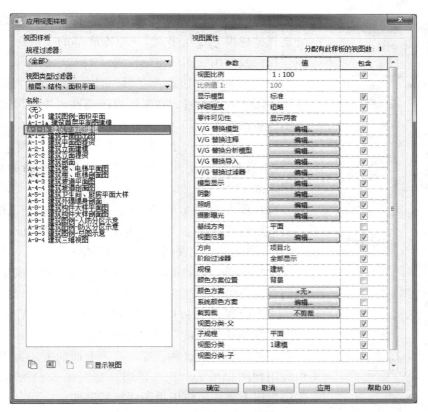

图 4.6.11 应用视图样板

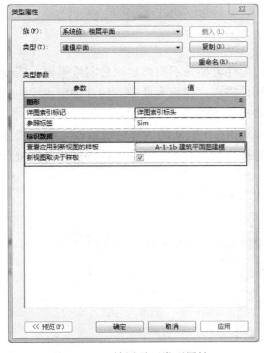

图 4.6.12 楼层平面类型属性 2

图 4.6.13 新建楼层平面 2

图 4.6.14　楼层平面属性栏

（12）根据项目需求，选择所需要创建视图的标高，此处选择"建模 _ 二层平面"→单击底部的"确定"即可完成新建视图及应用视图样板的设置。

2. 可参照此方法设置立面、剖面、三维等视图的新建和应用视图样板的设置。在平面视图属性栏中也可设置和修改视图样板的应用。

（1）打开某一平面视图，此处打开"建模 _ 二层平面图"→不选择任何图元，属性栏显示楼层平面的视图属性，如图 4.6.14 所示；

（2）单击如图 4.6.14 所示视图属性栏中"视图样板"后所应用的视图样板（若未应用任何视图样板，则显示为"无"），进入"应用视图样板"对话框；

（3）选择合适的视图样板→单击底部的"确定"即可为当前视图应用所选视图样板。

当平面视图样板应用了相应的视图样板后，"视图范围"、"视图详细程度"及"视图显示模式"等属性变为不可编辑，若需要修改这些设置，参照上面的方法为当前视图样板应用视图样板为"无"即可，如图 4.6.11 所示。当前视图仍保留上一次所应用视图样板的属性。

4.7　构件类型

定制 BIM 项目样板时，Revit 默认样板中的构件类型并不能满足项目实施需要，需要对各构件进行命名和归类，使之达到项目实施构件需求。建筑专业中，构件类型主要包括常用的墙体、门、窗、柱子、楼板、天花板、楼梯、坡道等。

以墙体类型为例，为建立项目级样板，需要对 Revit 默认的墙体进行修改，包括墙体命名、构造类型设置等。本样板以项目块料踢脚线为例，对要定义的块料踢脚线类型进行命名、对其构造方式进行编辑。

（1）单击"建筑"选项卡→"墙体"，如图 4.7.1 所示。

（2）选择墙体，单击"编辑类型"，如图 4.7.2 所示。

图 4.7.1　"墙"选项

（3）对墙体进行命名"××项目-块料踢脚线-6厚（20厚）"，如图4.7.3所示。

（4）对块料踢脚线的构造进行编辑，如图4.7.4所示。

（5）项目样板墙体类型示意，如图4.7.5所示。

图4.7.2 "属性"对话框

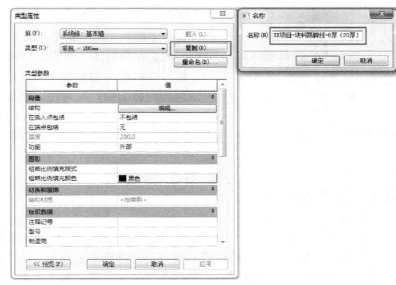

图4.7.3 墙体命名

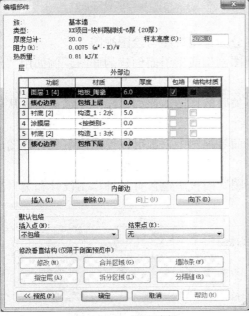

图4.7.4 构造编辑

图4.7.5 墙体类型示意

79

块料踢脚线的设置包括命名方式和构造做法，命名方式可根据自身项目需求进行定义，构造做法与实际施工需求结合进行定义。其他构件类型设置与块料踢脚线设置方法相同。

4.8 常用族

基于项目级的 BIM 应用，可在定制项目样板的过程中，载入或自定义项目需要的族。以二维出图为例，Revit 默认的符号族不能满足出图需求，需要自行载入符号族，如指北针符号族、标高标注、图集索引标注等，如图 4.8.1 所示。

XX项目-剖面-详图末端 双线
XX项目-图框（横版）
XX项目-坡度符号
XX项目-引出标注
XX项目-房间标记
XX项目-指北针
XX项目-标记-上标高标头
XX项目-标记-下标高标头
XX项目-标记-正负零标高
XX项目-窗标记
XX项目-符号-双图集索引标注 L
XX项目-符号-双图集索引标注 R
XX项目-符号_多重材料标注-线上
XX项目-详图索引标头
XX项目-高程点

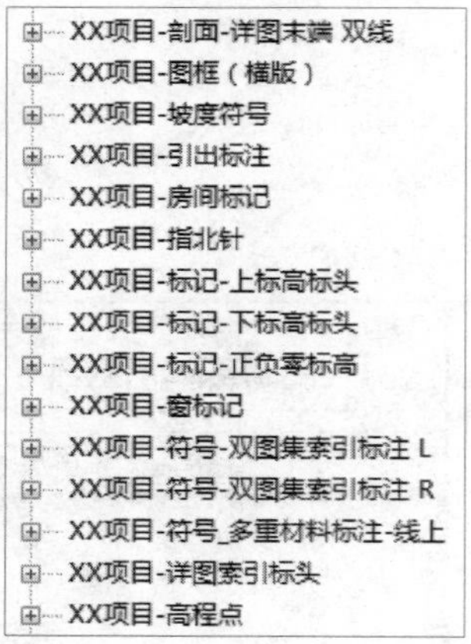

图 4.8.1 自行载入符号族

常用族的定义建立在项目 BIM 应用的基础之上，确定 BIM 应用目标之后，针对性地定义需要的常用族类型。可选择相应的族样板进行创建或载入现有族库中的族完成常用族的选择。

4.9 详图处理

利用 Revit 进行 BIM 设计时，并不需要把每一个构件的细部特征都用三维的方式来表达，借助标准详图，同样可以将设计信息准确地表达出来。在施工图设计中，软件自动生成的基本视图还达不到项目实施的细节要求，还需要在此基础上进一步用各种详图工具进行深化设计。

4.9.1 详图视图与绘图视图

在软件中，根据详图创建的方式不同，详图分为详图视图与绘图视图。

详图视图是由模型的平面、立面、剖面等视图剖切或索引而创建的详图。例如用“剖面”工具创建的墙身大样。

绘图视图是指在详图设计中创建的与模型不关联的详图，比如手绘的二维详图、从外部导入的 CAD 详图等。

无论是详图视图，还是常规平面、立面、剖面等视图中，都可以使用以下各种详图设计和编辑工具进行深化设计。

(1) 详图设计工具，在“注释”选项卡“详图”面板中包含有各种详图设计和编辑工具，如图 4.9.1 所示；

详图线
区域
构件
云线批注
详图组
隔热层
详图

图 4.9.1 详图设计工具

线样式:
细线
绘制
线样式

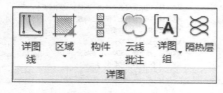

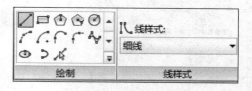

图 4.9.2 详图线绘制

（2）设置"详图线"属性，"详图线"与"模型线"有一定的区别，模型线属于模型图元，可以在所有视图中显示。而详图线则属于视图专有图元，只能在创建的视图中可见。详图线是详图设计中最常用的二维设计工具，创建和编辑方法和模型线相同，如图 4.9.2 所示；

（3）设置"详图区域"属性，详图区域是详图处理中常用的设计工具，在 Revit 中创建图案填充有以下两种方法：填充区域和遮罩区域，如图 4.9.3 所示；

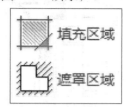

图 4.9.3 区域填充

（4）填充区域：除模型图元截面以外的图案填充，可以使用"填充区域"工具快速创建。例如：在墙面中绘制一个钢筋混凝土的图案填充，表示窗上方的过梁，而不需要创建一个三维的梁，如图 4.9.4 所示；

4.9.2 填充区域设置过梁

（1）遮罩区域：在视图中可以使用"可见性/图形"或者是"隐藏/隔离"等方法快速隐藏某个或某类图元。除此之外，在项目设计中有时候需要隐藏图元的局部而不是整个图元，则可以使用"遮罩区域"工具。遮罩区域的创建和编辑方法如下：

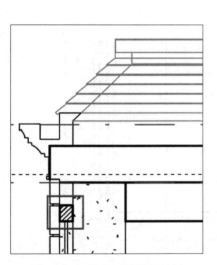

图 4.9.4 填充区域设置过梁

图 4.9.5 创建遮罩区域

图 4.9.6 详图构件

1）单击"注释"选项卡"详图"面板中"区域"工具的下拉三角箭头，选择"遮罩区域"工具，选择"矩形"绘制工具，在"线样式"下拉列表中选择"不可见线"样式，绘制一个矩形框；

2）单击"完成"，即可创建遮罩区域遮盖墙窗图元的显示，且遮罩区域边界不可见，如图 4.9.5 所示；

（2）构件详图的概念类似于 CAD 中的详图图块，放置后可以直接进行复制、阵列等。详图构件是视图专有图元，只在创建的视图中显示。如图 4.9.6 所示；

（3）详图构件中可以放置一些视图图块，比如"门窗截断符

81

号"、"素土土壤"、"电缆电箱"等，如图 4.9.7 所示；

（4）设置"隔热层"：在 Revit 中提供了"隔热层"工具，可以快速创建各种宽度和密度的隔热层构件，如图 4.9.8 所示；

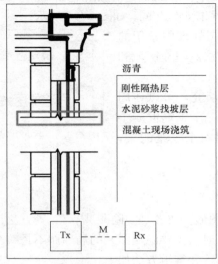

图 4.9.7 视图图块

（5）设置"线处理"：在 Revit 中，模型图元边线默认都是实线显示，在绘制模型线和详图线时可以选择其他不同的线样式。如有特殊线型设计需求，可以使用"线处理"工具编辑已有图元的边线，如图 4.9.9 所示；

（6）"视图"面板中的"线处理"有以下几种情况：

1）需要用虚线或其他线样式显示图元边线；

2）用"不可见线"隐藏某些棱边线的显示，例如一面复杂形状的墙其立面视图中显示了很多边线，可以隐藏一边线简化立面显示，立面视图的外轮廓加粗显示等，如图 4.9.10 所示。

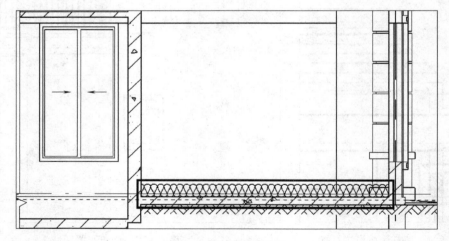

图 4.9.8 隔热层设置

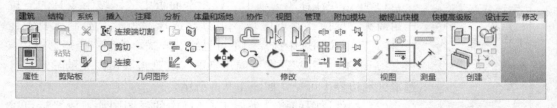

图 4.9.9 线处理设置

详图视图、绘图视图、图例视图等各种视图的应用，详图构件等各种详图设计和编辑工具的使用，结合"尺寸标注"、"文字"、"注释"等工具，构成了详图设计的强大阵容。

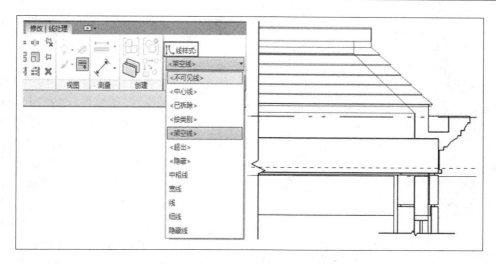

图 4.9.10 "不可见线"隐藏设置

4.10 明细表

4.10.1 建筑墙明细表

建筑墙隶属于系统族，设置建筑基本墙属性步骤：

（1）在"建筑"选项卡中选择"墙：建筑"，进入墙属性面板，在此面板中可设置建筑墙"限制条件"等参数。完成后单击"编辑类型"。如图 4.10.1 所示。

图 4.10.1 "建筑墙"属性

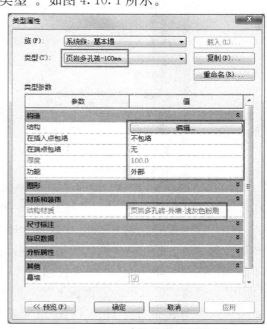

图 4.10.2 建筑墙类型属性

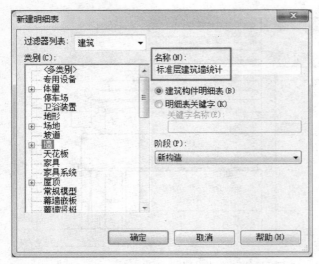

图 4.10.3　建筑墙新建明细表

（2）进入"类型属性"对话框，对"类型"名称"重命名"为："页岩多孔砖－100mm"，并对"类型参数"中的"结构"参数进行编辑，设置墙厚度为"100mm"，结构材质为："页岩多孔砖-外墙-浅灰色粉刷"。这里可根据项目需要设置墙体"功能"，选定"内部、外部、基础墙"等参数。如图4.10.2所示。

（3）建筑墙参数设置完成后可在软件中绘制建筑墙模型，并通过"视图"选项卡选择中"明细表"选项，选择"明细表/数量"，进入

"新建明细表"对话框，选择建筑"墙"类别。如图 4.10.3 所示。

（4）明细表属性中，在"字段"选项卡添加建筑墙的"类型"、"厚度"，"面积"、"体积"、"功能"、"墙内外面积"、"合计"等明细表字段。如图 4.10.4 所示。

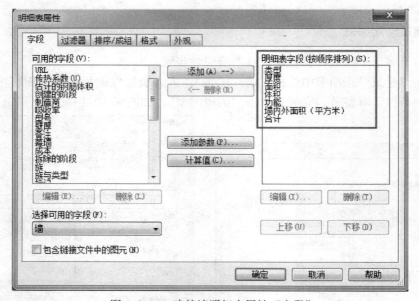

图 4.10.4　建筑墙明细表属性"字段"

（5）其中需要注意，Revit 中统计"墙"面积为单边面积，可根据项目需要使用"计算值"为"墙"赋予内外两边墙面统计参数公式。

（6）选择"计算值"，添加名称为"墙内外面积（平方米）"，选择"类型"参数为"面积"，填写"公式"为"面积 * 2"。如图 4.10.5 所示。

（7）明细表属性"过滤器"：过滤条件设置为"功能"、"等于"、"内部"，如图 4.10.6 所示。

图 4.10.5 建筑墙计算值

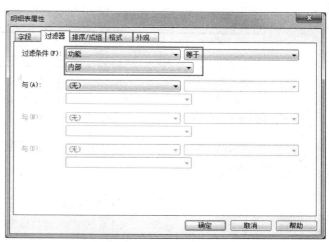

图 4.10.6 建筑墙明细表属性"过滤器"

（8）明细表属性"排序/成组"：选择排序方式设置为"类型"、"升序"。钩选"总计"，选择"标题和总数"显示构件的统计量。如图 4.10.7 所示。

（9）明细表属性"格式"：选择"面积"、"体积"、"墙内外面积"、"合计"，钩选"计算总数"。如图 4.10.8 所示。

（10）其中"面积"、"体积"根据项目需要设定"格式参数"，选择"面积"字段右边的"字段格式"，选择单位为"平方米"，舍入"3 个小数位"，如图 4.10.9 所示。

图 4.10.7 建筑墙明细表属性"排序/成组"

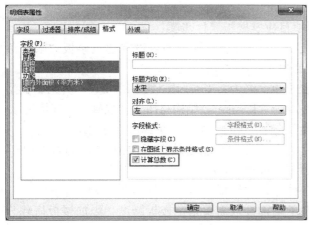

图 4.10.8 建筑墙明细表属性"格式"

图 4.10.9 字段格式

（11）建筑墙参数设置完成后，墙明细表如图 4.10.10 所示。

<标准层建筑墙统计>

A	B	C	D	E	F
名称	厚度（毫米）	面积（平方米）	体积（立方米）	墙内外面积（平方米）	合计
NQ_NQ1_100	100	133.35	13.33	266.69	22
NQ_NQ2_200	200	369.29	73.86	738.57	67
WQ_WQ1_100	100	29.98	3.00	59.96	20
WQ_WQ2_200	200	285.57	57.11	571.14	76
WQ_WQ3_400	400	18.32	7.27	36.63	12
WQ_WQ4_200	200	6.39	1.28	12.78	8
(1F) 0.00m		842.89	155.85	1685.77	205
NQ_NQ1_100	100	106.98	10.70	213.95	22
NQ_NQ2_200	200	346.02	69.20	692.04	78
WQ_WQ1_100	100	20.18	2.02	40.36	22
WQ_WQ2_200	200	218.45	43.69	436.91	84
WQ_WQ3_400	400	16.02	6.41	32.04	12
WQ_WQ4_200	200	6.39	1.28	12.78	8
(2F) 3.00m		714.03	133.29	1428.07	226

图 4.10.10　建筑墙明细表

建筑墙明细表都以此模板为参考，提取建筑墙明细表。

注意：Revit2014 及以下版本并未对墙体细分楼层标高，需人工设置楼层名称字段或添加楼层注释族方式解决。

（12）Revit2015 版增加墙体底部限制条件（标高），见图 4.10.11。

<标准层建筑墙统计>

A	B	C	D	E	F	G
墙标高	名称	厚度（毫米）	面积（平方米）	体积（立方米）	墙内外面积（平方米）	合计
(1F) 0.00m	NQ_NQ1_100	100	133.35	13.33	266.69	22
(1F) 0.00m	NQ_NQ2_200	200	369.29	73.86	738.57	67
(1F) 0.00m	WQ_WQ1_100	100	29.98	3.00	59.96	20
(1F) 0.00m	WQ_WQ2_200	200	285.57	57.11	571.14	76
(1F) 0.00m	WQ_WQ3_400	400	18.32	7.27	36.63	12
(1F) 0.00m	WQ_WQ4_200	200	6.39	1.28	12.78	8
			842.89	155.85	1685.77	205
(2F) 3.00m	NQ_NQ1_100	100	106.98	10.70	213.95	22
(2F) 3.00m	NQ_NQ2_200	200	346.02	69.20	692.04	78
(2F) 3.00m	WQ_WQ1_100	100	20.18	2.02	40.36	22
(2F) 3.00m	WQ_WQ2_200	200	218.45	43.69	436.91	84
(2F) 3.00m	WQ_WQ3_400	400	16.02	6.41	32.04	12
(2F) 3.00m	WQ_WQ4_200	200	6.39	1.28	12.78	8
(2F) 3.00m			714.03	133.29	1428.07	226

图 4.10.11　Revit 2015 建筑墙明细表

4.10.2　建筑楼板明细表

"楼板：建筑"隶属于系统族，设置项目建筑楼板属性步骤：

（1）在"建筑"选项卡中选择"楼板-建筑"，在属性面板中可设置建筑楼板"限制条件"等参数。完成后单击"编辑类型"，见图 4.10.12。

（2）进入"类型属性"对话框后，对类型重命名为："混凝土-楼板-120mm"，并对"类型参数"中的"结构"进行编辑，设置楼板厚度为"120mm"，结构材质为"混凝土，现场浇注-C30"。在这可根据项目需要设定楼板"功能"选定"内部、外部"等参数，见图 4.10.13。

（3）"楼板：建筑"参数设置完成后可在软件中绘制建筑楼板模型，并通过"视图"选项卡选择"明细表"选项下拉列表中的"明细表/数量"。

（4）进入"新建明细表"对话框，选择建筑"楼板"类别，见图 4.10.14。

注意：建筑楼板与结构楼板的区别在于结构楼板需要指定楼板跨度，添加楼板荷载分析模型属性以及添加结构区域钢筋。

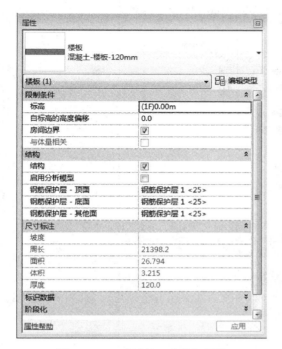

图 4.10.12 "楼板：建筑"属性

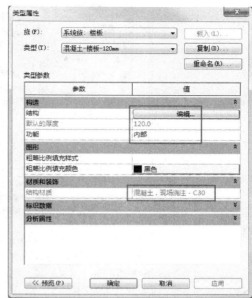

图 4.10.13 "楼板：建筑"类型属性

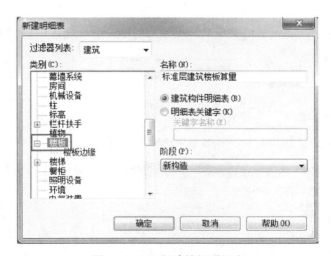

图 4.10.14 新建楼板明细表

（5）明细表属性中"字段"：添加"标高"、"族"、"类型"、"结构材质"、"面积"、"体积"、"合计"等明细表字段，见图 4.10.15。

（6）明细表属性"排序/成组"：选择"排序方式"为"标高"、"升序"，"类型"、"升序"，"面积"、"升序"，"体积"、"升序"。钩选"总计"，选择"标题和总数"显示构件的统计量，见图 4.10.16。

（7）明细表属性"格式"：选择"面积"、"体积"、"合计"，钩选"计算总数"，见图 4.10.17。

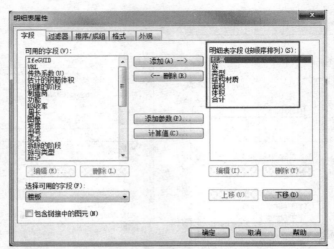

图 4.10.15　楼板明细表属性"字段"

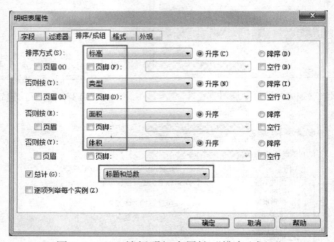

图 4.10.16　楼板明细表属性"排序/成组"

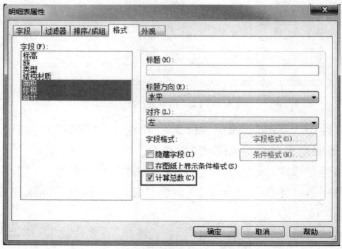

图 4.10.17　楼板明细表属性"格式"

（8）建筑楼板明细表都以此模板为参考，提取建筑楼板明细表，见图 4.10.18。

\<标准层建筑楼板算量\>						
A	B	C	D	E	F	G
标高	名称	厚度	结构材质	面积（平方米）	体积（立方米）	合计
(1F)0.00m	楼板	混凝土-楼板-100mm	混凝土，现场浇注 - C30	18.46	1.85	1
(2F)3.00m	楼板	混凝土-楼板-100mm	混凝土，现场浇注 - C30	6.97	0.70	1
(3F)6.00m	楼板	混凝土-楼板-100mm	混凝土，现场浇注 - C30	6.97	0.70	1
(4F)9.00m	楼板	混凝土-楼板-100mm	混凝土，现场浇注 - C30	6.97	0.70	1
(5F)12.00m	楼板	混凝土-楼板-100mm	混凝土，现场浇注 - C30	6.97	0.70	1
(6F)15.00m	楼板	混凝土-楼板-100mm	混凝土，现场浇注 - C30	6.97	0.70	1
(7F)18.00m	楼板	混凝土-楼板-100mm	混凝土，现场浇注 - C30	6.97	0.70	1
(8F)21.00m	楼板	混凝土-楼板-100mm	混凝土，现场浇注 - C30	6.97	0.70	1
(9F)24.00m	楼板	混凝土-楼板-100mm	混凝土，现场浇注 - C30	6.97	0.70	1
(10F)27.00m	楼板	混凝土-楼板-100mm	混凝土，现场浇注 - C30	6.97	0.70	1
总计				81.17	8.12	10

图 4.10.18　建筑楼板明细表

4.10.3　建筑窗明细表

建筑窗隶属于"可载入族"，设置项目"建筑窗"属性步骤：

（1）在"建筑"选项卡中选择"窗"，在属性面板中可设置窗"限制条件"等参数，完成后单击"编辑类型"。如图 4.10.19 所示。

（2）进入"类型属性"对话框后，对"类型"名称"重命名"为："C3716"，并对"类型注释"修改为"3700×1600"，设置"说明"内容为"塑钢窗（全玻）窗台高详大样"，"类型标记"为"C3716"。如图 4.10.20 所示。

图 4.10.19　窗属性

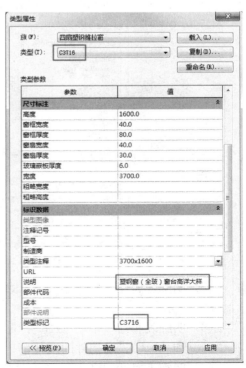

图 4.10.20　窗类型属性

（3）建筑窗参数设定完成后可以在软件中绘制窗模型。并通过"视图"选项卡选择"明细表"，在下拉列表中选择"明细表/数量"，打开新建明细表对话框，选择"建筑"、"窗"类别。如图 4.10.21 所示。

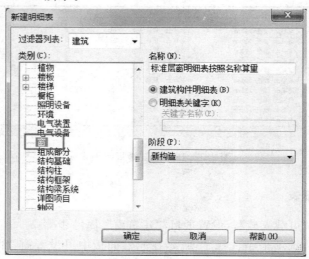

图 4.10.21　窗新建明细表

（4）明细表属性中"字段"：添加"族"、"类型"、"类型注释"、"宽度"、"高度"、"洞口面积"、"合计"、"说明"等明细表字段。如图 4.10.22 所示。

注意：其中洞口面积需要先设置"计算值"后添加。

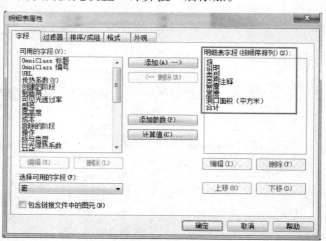

图 4.10.22　窗明细表属性"字段"

（5）明细表属性"过滤器"：过滤条件设置为"说明"、"不等于"、"剪切洞口"，如图 4.10.23 所示。

（6）明细表属性"排序/成组"：选择排序方式为"类型"、"升序"。钩选"总计"，选择"标题和总数"显示构件的统计量。如图 4.10.24 所示。

（7）明细表属性"格式"：选择"宽度"、"高度"、"洞口面积"、"合计"，字段格式为"隐藏字段"，钩选"计算总数"，如图 4.10.25 所示。

图 4.10.23 窗明细表属性"过滤器"

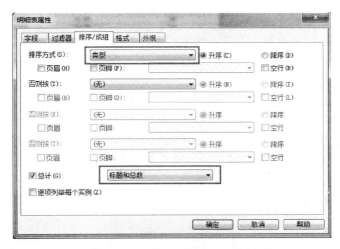

图 4.10.24 窗明细表属性"排序/成组"

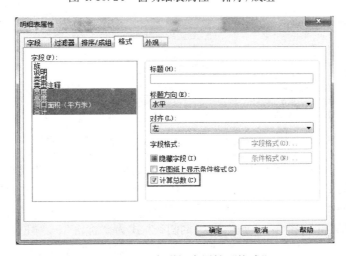

图 4.10.25 窗明细表属性"格式"

注意："洞口面积"根据项目需要设置"字段格式"中"单位"和舍入"3 个小数位"。

（8）建筑窗参数设置完成后的窗明细表，如图 4.10.26 所示。

<标准层窗明细表按照名称统计>

A	B	C	D	E	F
名称	说明	门窗类型	宽度x高度	洞口面积（平方米）	门窗数量
剪切洞口	剪切洞口	C-DK_2 100x100		0.01	31
剪切洞口	剪切洞口	C_DK_1 50 x 200		0.01	33
剪切洞口	剪切洞口	C_DK_3 100 x 200		0.02	38
剪切洞口	剪切洞口	C_DK_4 150 x 200		0.03	66
单扇塑钢平开窗	塑钢窗（全玻）窗台高详大样	C_PKGC(1)_1 700 X 900	700x900	0.63	358
双扇塑钢平开窗	塑钢窗（全玻）窗台高详大样	C_PKGC(2)_2 1800 x 1500	1800x1500	2.70	1
凸窗	窗台高500	C_TC_1 1300 x 1900	1300x1900	2.47	32
凸窗	窗台高500	C_TC_2 1400 x 1900	1400x1900	2.66	164
凸窗	窗台高500	C_TC_3 1600 x 1900	1600x1900	3.04	132
凸窗	窗台高500	C_TC_4 1800 x 1900	1800x1900	3.42	260
双扇塑钢推拉窗	塑钢窗（全玻）窗台高详大样	C_TLGC(2)_1 900 x 1500	900x1500	1.35	4
双扇塑钢推拉窗	塑钢窗（全玻）窗台高详大样	C_TLGC(2)_2 1200 x 1500	1200x1500	1.80	34
双扇塑钢推拉窗	塑钢窗（全玻）窗台高详大样	C_TLGC(2)_3 1300 x 1500	1300x1500	1.95	132
双扇塑钢推拉窗	塑钢窗（全玻）窗台高详大样	C_TLGC(2)_4 1400 x 1500	1400x1500	2.10	65
双扇塑钢推拉窗	塑钢窗（全玻）窗台高详大样	C_TLGC(2)_5 1500 x 1500	1500x1500	2.25	1
双扇塑钢推拉窗	塑钢窗（全玻）窗台高详大样	C_TLGC(2)_6 2000 x 1700	2000x1650	3.30	32
四扇塑钢推拉窗	塑钢窗（全玻）窗台高详大样	C_TLGC(4)_1 3000 x 1500	3000x1500	4.50	65
四扇塑钢推拉窗	塑钢窗（全玻）窗台高详大样	C_TLGC(4)_2 3400 x 1700	3400x1700	5.61	2
四扇塑钢推拉窗	塑钢窗（全玻）窗台高详大样	C_TLGC(4)_3 3700 x 1600	3700x1600	5.92	66
四扇塑钢推拉窗	塑钢窗（全玻）窗台高详大样	C_TLGC(4)_4 4000 x 1500	4000x1500	6.00	64
总计					1580

图 4.10.26 窗明细表

建筑窗明细表都以此模板为参考，提取"建筑窗"明细表。

注意：建筑窗以名称统计总数，标准层窗明细表按照楼层统计。

（9）窗明细表按楼层统计可按照"标准层窗明细表按照名称统计"方法完成，也可选择"标准层窗明细表按照名称统计"明细表。右键选择复制视图进行复制，创建一个"标准层窗明细表按照名称统计"副本，重命名为"标准层窗明细表按照楼层统计"，完成明细表属性设置。建筑窗隶属于可载入族，建筑窗可按照每层楼明细进行统计窗族。

（10）窗明细表可按照"标准层窗明细表按照名称统计"方法完成，也可选择"标准层窗明细表按照名称统计"明细表。右键选择复制视图进行"复制"，创建一个"标准层窗明细表按照名称统计"副本，重命名为"标准层窗明细表按照楼层统计"，如图 4.10.27 所示。

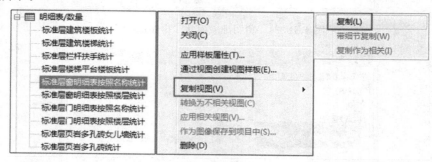

图 4.10.27 复制明细表示意图

（11）明细表属性中"字段"：添加"标高"、"族"、"类型"、"类型注释"、"宽度"、"高度"、"洞口面积"、"合计"、"说明"等明细表字段，如图 4.10.28 所示。

注意：洞口面积需要先设置"计算值"后添加，方法同上。

（12）明细表属性"排序/成组"：选择排序方式为"标高"、"升序"、钩选"页脚"、选择"仅总数"，"族"、"升序"，"类型"、"升序"，钩选"总计"，选择"标题和总数"显示构件的统计量，如图 4.10.29 所示。

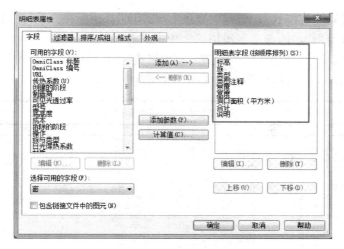

图 4.10.28　窗明细表属性"字段"

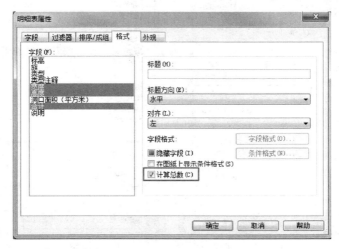

图 4.10.29　窗明细表属性"排序/成组"

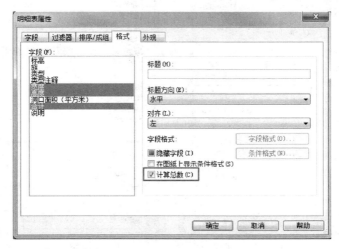

图 4.10.30　窗明细表属性"格式"

（13）明细表属性"格式"：选择"宽度"、"高度"，字段格式钩选"隐藏字段"，选择"合计"和"洞口面积"，钩选"字段格式"中的"计算总数"，如图 4.10.30 所示。

注意："洞口面积"根据项目需要设置"字段格式"中"单位"和舍入"3 个小数位"。

（14）窗参数设置完成后窗明细表如图 4.10.31 所示。

\<标准层窗明细表按照楼层统计\>					
A	B	C	D	E	F
楼层	名称	门窗类型	宽度x高度	洞口面积（平方米）	门窗数量
(1F)0.00m	50系列铝合金百叶	C_BYC_4 1200x2900	1200x2900	3.48	6
(1F)0.00m	50系列铝合金百叶	C_BYC_5 1200x1900	1200x1900	2.28	4
(1F)0.00m	凸窗	C_TC_2 1400 x 1900	1400x1900	2.66	4
(1F)0.00m	凸窗	C_TC_3 1600 x 1900	1600x1900	3.04	2
(1F)0.00m	凸窗	C_TC_4 1800 x 1900	1800x1900	3.42	8
(1F)0.00m	单扇塑钢平开窗	C_PKGC(1)_1 700 X 900	700x900	0.63	10
(1F)0.00m	双扇塑钢平开窗	C_PKGC(2)_2 1800 x 1500	1800x1500	2.70	1
(1F)0.00m	双扇塑钢推拉窗	C_TLGC(2)_2 1200 x 1500	1200x1500	1.80	4
(1F)0.00m	双扇塑钢推拉窗	C_TLGC(2)_3 1300 x 1500	1300x1500	1.95	4
(1F)0.00m	双扇塑钢推拉窗	C_TLGC(2)_4 1400 x 1500	1400x1500	2.10	1
(1F)0.00m	四扇塑钢推拉窗	C_TLGC(4)_1 3000 x 1500	3000x1500	4.50	1
(1F)0.00m	四扇塑钢推拉窗	C_TLGC(4)_2 3400 x 1700	3400x1700	5.61	2
(1F)0.00m	四扇塑钢推拉窗	C_TLGC(4)_3 3700 x 1600	3700x1600	5.92	2
(1F)0.00m					
					49

图 4.10.31　窗明细表按照楼层统计

注意：建筑窗明细表都以此模板为参考，提取建筑窗明细表。

4.10.4　标准层门明细表

标准层门明细表按照名称统计。

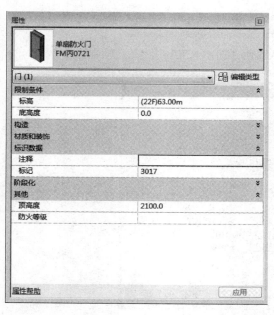

图 4.10.32　门属性

图 4.10.33　门类型属性

建筑门隶属于可载入族，设置建筑门属性步骤：

（1）在"建筑"选项卡中选择"门"，在属性面板中可设置门"限制条件"等参数，完成后单击"编辑类型"，如图 4.10.32 所示。

（2）进入"类型属性"对话框后，对"类型"名称"重命名"为："FM 丙 0721"，并对"标识数据"中的"类型注释"修改为"700×2100"，设置"说明"内容为"厂家定做"，"类型标记"为"FM 丙 0721"，如图 4.10.33 所示。

（3）建筑门参数设置完成后可在软件中绘制建筑门模型，并通过"视图"选项卡选择"明细表"选项，选择"明细表/数量"。

（4）进入"新建明细表"对话框，选择建筑"门"类别，如图 4.10.34 所示。

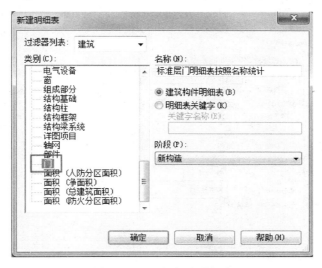

图 4.10.34　门新建明细表

（5）明细表属性中"字段"：添加"族"、"类型标记"、"类型注释"、"宽度"、"高度"、"洞口面积"、"合计"、"说明"等字段，如图 4.10.35 所示。

注意：洞口面积需先设置"计算值"后添加。

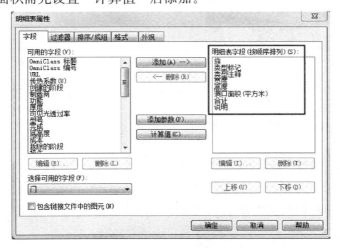

图 4.10.35　门明细表属性"字段"

（6）选择"计算值"，添加名称为"洞口面积（平方米）"，选择"类型"参数为"面积"，填写"公式"数值为"宽度 * 高度"，如图4.10.30所示。

（7）明细表属性"排序/成组"：选择排序方式为"类型标记"、"升序"。钩选"总计"，选择"标题和总数"显示构件的统计量，如图4.10.37所示。

（8）明细表属性"格式"：选择"宽度"、"高度"，字段格式为"隐藏字段"，如图4.10.38所示；选择"洞口面积"、"合计"，钩选"计算总数"，如图4.10.39所示。

图 4.10.36　洞口面积计算值

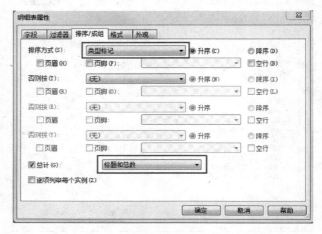

图 4.10.37　门明细表属性"排序/成组"

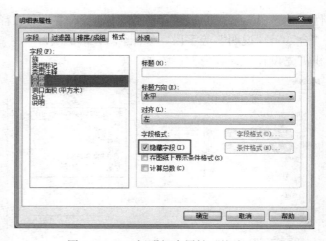

图 4.10.38　门明细表属性"格式"1

注意："洞口面积"根据项目需要设置"字段格式"中"单位"和舍入"3个小数位"。

（9）建筑门参数设置完成后门明细表如图4.10.40所示。

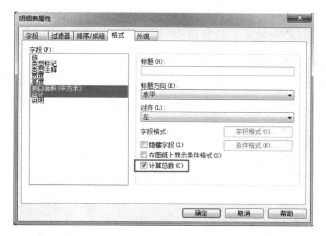

图 4.10.39 门明细表属性"格式"2

〈标准层门明细表按照名称统计〉					
A	B	C	D	E	F
名称	门窗类型	宽度x高度	洞口面积(平方米)	门窗数量	说明
厕所门	M0821	800x2100	1.68	456	木质关门详西南04J611
门	M0921	900x2100	1.89	588	木质关门详西南04J611
门	M1021	1000x2100	2.10	230	木质关门详西南04J611
单扇顶层门	M1121	1100x2100	2.31	2	木质关门详西南04J611
双扇平开门	M1221	1200x2100	2.52	2	木质关门详西南04J611
总计				1278	

图 4.10.40 门明细表

（10）建筑门明细表都以此模板为参考，提取建筑门明细表。

注意：建筑门以名称统计总数。

（11）标准层门明细表按照楼层统计

建筑门隶属于可载入族，建筑门可按照每层楼明细进行统计门族。门明细表可按照"××项目门明细表按照名称统计"方法完成，也可选择"××项目门明细表按照名称统计"明细表右键"复制视图"→"复制"，创建一个"××项目门明细表按照名称统计"副本，重命名为"××项目门明细表按照楼层统计"，如图 4.10.41 所示。

图 4.10.41 复制明细表示意图

（12）明细表属性中"字段"：添加"标高"、"族"、"类型标记"、"类型注释"、"宽度"、"高度"、"洞口面积"、"合计"等字段，如图4.10.42所示。

注意：洞口面积需要先设定"计算值"，设置完成后添加方法同上。

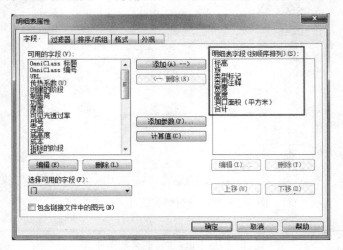

图4.10.42 门明细表属性"字段"

（13）明细表属性"排序/成组"：排序方式设置为"标高"、"升序""页脚"、"仅总数"，"类型标记"、"升序"，"类型注释"、"升序"，钩选"总计"，选择"标题和总数"显示构件的统计量，如图4.10.43所示。

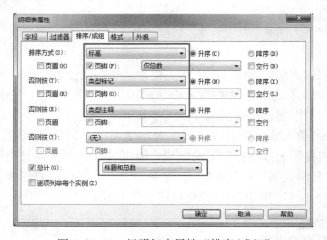

图4.10.43 门明细表属性"排序/成组"

（14）明细表属性"格式"：选择"宽度"、"高度"，字段格式为"隐藏字段"。选择"洞口面积"、"合计"，钩选"计算总数"，如图4.10.44所示。

注意："洞口面积"根据项目需设置"字段格式"中"单位"和舍入"3个小数位"。

4.10.5 标准层建筑楼梯明细表

建筑楼梯隶属于系统族，创建项目建筑楼梯属性步骤：

（1）在"建筑"选项卡中选择"楼梯"，在属性面板中可设置建筑楼板"限制条件"以及"尺寸标注"等参数。完成后单击"编辑类型"，如图4.10.45所示。

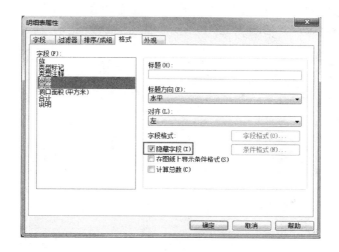

图 4.10.44 门明细表属性"格式"

（2）进入"类型属性"对话框后，对"类型"名称"重命名"为："混凝土-楼梯"，并对"材质和装饰"设置为"混凝土，现场浇注-C30"。在此可根据项目需要设置楼板"功能"为"内部"、"外部"等参数，如图 4.10.46 所示。

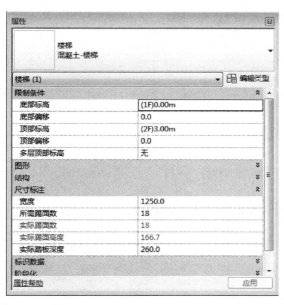

图 4.10.45 楼梯属性

图 4.10.46 楼梯类型属性

（3）"建筑楼梯"参数设置完成后可在软件中绘制建筑楼梯模型，并通过"视图"选项卡"明细表"选项，在下拉列表中选择"材质提取"。"材质提取"有楼梯"体积"参数。选择建筑"楼梯"类别，如图 4.10.47 所示。

（4）明细表属性中"字段"：添加"底部标高"、"类型"、"材质：名称"、"宽度"、"材质：体积"、"合计"等字段，如图 4.10.48 所示。

（5）明细表属性"排序/成组"：选择排序方式为"底部标高"、"升序"。钩选"总计"，选择"标题和总数"，如图 4.10.49 所示。

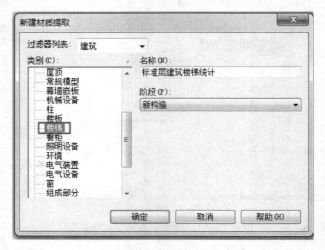

图 4.10.47 建筑新建材质提取明细表

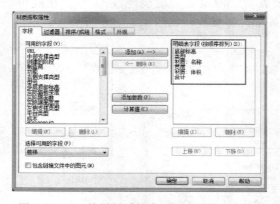

图 4.10.48 楼梯材质提取明细表属性"字段"

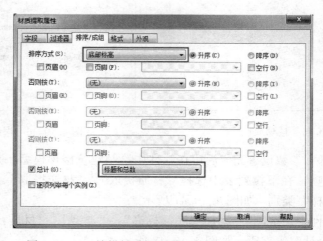

图 4.10.49 楼梯材质提取明细表属性"排序/成组"

（6）明细表属性"格式"：选择"材质：体积"、"合计"，钩选"计算总数"，如图4.10.50所示。

注意："材质：体积"根据项目需要设置"字段格式"中"单位"和舍入"3个小数位"。

（7）建筑楼梯参数设置完成后楼梯明细表如图4.10.51所示。

注：建筑楼梯明细表都以此模板为参考，提取建筑楼梯明细表。

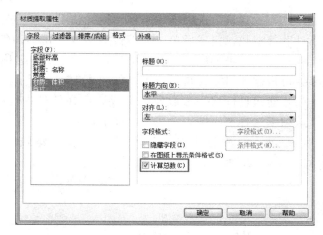

图4.10.50　楼梯材质提取明细表属性"格式"

<标准层楼梯明细表>

A	B	C	D	E	F
底部标高	名称	材质	宽度（毫米）	体积（立方米）	合计
(1F) 0.00m	T_LT2	混凝土, 现场浇注 - C30	1250	1.718	1
(1F) 0.00m	T_LT2	混凝土, 现场浇注 - C30	1250	1.718	1
(2F) 3.00m	T_LT2	混凝土, 现场浇注 - C30	1250	1.718	1
(2F) 3.00m	T_LT2	混凝土, 现场浇注 - C30	1250	1.718	1
(3F) 6.00m	T_LT2	混凝土, 现场浇注 - C30	1250	1.718	1
(3F) 6.00m	T_LT2	混凝土, 现场浇注 - C30	1250	1.718	1
(4F) 9.00m	T_LT2	混凝土, 现场浇注 - C30	1250	1.718	1
(4F) 9.00m	T_LT2	混凝土, 现场浇注 - C30	1250	1.718	1
(5F) 12.00m	T_LT2	混凝土, 现场浇注 - C30	1250	1.718	1
(5F) 12.00m	T_LT2	混凝土, 现场浇注 - C30	1250	1.718	1
总计				17.179	10

图4.10.51　楼梯材质提取明细表

4.10.6　标准层栏杆扶手统计

建筑栏杆扶手隶属于可载入族，栏杆扶手是随建筑楼梯附着在一起，也可单独创建。设置项目"建筑栏杆扶手"属性步骤：

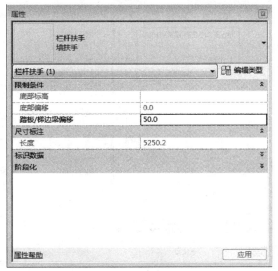

图4.10.52　栏杆扶手属性

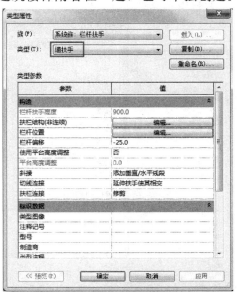

图4.10.53　栏杆扶手类型属性

（1）在"建筑"选项卡中选择"栏杆扶手"，在属性面板中可设置建筑栏杆扶手"限制条件"等参数。完成后单击"编辑类型"，如图4.10.52所示。

（2）进入"类型属性"对话框后，对"类型"名称"重命名"为："墙扶手"，扶手类型参数可根据项目需要自行设置，如图4.10.53所示。

（3）建筑栏杆扶手参数设定完成后可在软件中绘制建筑栏杆扶手模型，并通过"视图"选项卡选择"明细表"选项，在下拉列表中选择"明细表/数量"。

（4）进入"新建明细表"对话框，选择建筑"栏杆扶手"类别，如图4.10.54所示。

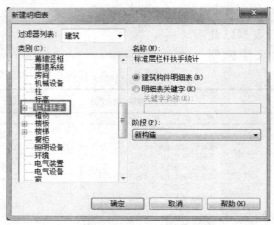

图4.10.54　栏杆扶手新建明细表

（5）明细表属性中"字段"：添加"族"、"类型"、"栏杆扶手高度"，"长度"、"合计"等明细表字段，如图4.10.55所示。

注意：扶手长度为实际扶手长度统计值，例如带有坡度的扶手是按照斜边公式计算出扶手斜边长度。

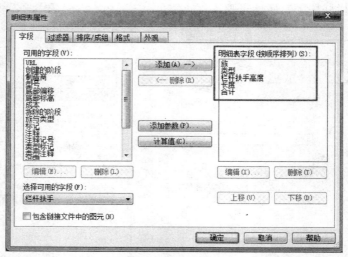

图4.10.55　栏杆扶手明细表属性"字段"

（6）明细表属性"排序/成组"：选择"排序方式"为"类型"、"升序"。钩选"总计"，选择"标题和总数"显示构件的统计量，如图 4.10.56 所示。

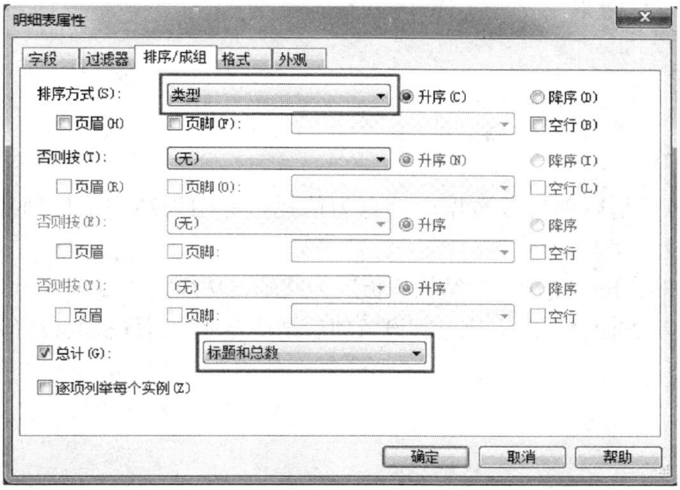

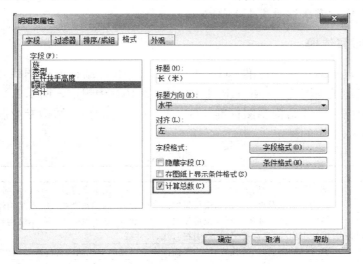

图 4.10.56　栏杆扶手明细表属性"排序/成组"

（7）明细表属性"格式"：选择"长度"，钩选"计算总数"，如图 4.10.57 所示。

图 4.10.57　栏杆扶手明细表属性"格式"

注意："长度"根据项目需要设置"字段格式"中"单位"和舍入"3 个小数位"。

（8）建筑栏杆扶手参数设定完成后栏杆扶手明细表如图 4.10.58 所示。

⟨标准层栏杆扶手统计⟩				
A	B	C	D	E
名称	类型	栏杆扶手高度	长（米）	合计
栏杆扶手	墙扶手	900	353.736	68
总计			353.736	68

图 4.10.58　栏杆扶手明细表

注意：建筑栏杆扶手明细表都以此模板为参考。

5 结构篇

Revit Structure 是以项目级数据库信息为依托，专门为结构工程师提供结构设计、分析与出图的三维设计工具。

本篇以 Revit Structure 使用的"结构样板"为基础，从线宽、线样式、材质、项目浏览器、视图样板、明细表等方面介绍在完成公共设置项后结构专业项目样板的设置方法。

5.1 线宽

5.1.1 线宽的基本设置

线宽的基本设置方法参照 4.1.1 节。

5.1.2 线宽的设置依据

（1）根据《建筑结构制图标准》GB/T 50105—2010，结构专业图线宽度 b 应按现行国家标准《房屋建筑制图统一标准 GB/T 50001—2010》中规定，同 4.1.2 章节表 4.1.1。

（2）根据根据《建筑结构制图标准》GB/T 50105—2010，结构专业制图采用的各种图线，应符合表 5.1.1 的规定。

图线   表 5.1.1

名称		线宽	一 般 用 途
实线	粗	b	螺栓、钢筋线、结构平面图中的单线结构构件线，钢木支撑及系杆线，图名下横线、剖切线
	中粗	$0.7b$	结构平面图及详图中剖到或可见的墙身轮廓线、基础轮廓线、钢、木结构轮廓线、钢筋线
	中	$0.5b$	结构平面图及详图中剖到或可见的墙身轮廓线、基础轮廓线、钢、木结构轮廓线、钢筋线
	细	$0.25b$	标注引出线、标高符号线、索引符号线、尺寸线
虚线	粗	b	不可见的钢筋线、螺栓线、结构平面图中不可见的单线结构构件线及钢木支线
	中粗	$0.7b$	结构平面图不可见构件、墙身轮廓线及不可见钢、木结构构建线、不可见的钢筋线
	中	$0.5b$	结构平面图不可见构件、墙身轮廓线及不可见钢、木结构构建线、不可见的钢筋线
	细	$0.25b$	基础平面图中的管沟轮廓线、不可见的钢筋混凝土构件轮廓线
单点长画线	粗	b	柱间支撑、设备基础轴线图中的中心线
	细	$0.25b$	定位轴线、对称线、中心线、重心线
双点长画线	粗	b	预应力钢筋线
	细	$0.25b$	原有结构轮廓线
折断线		$0.25b$	不需画全的断开界线
波浪线		$0.25b$	断开界线

5.1.3 线宽的具体设置

线宽的具体设置参照 4.1.3 节。

5.2 线样式

5.2.1 线样式的基本设置

线样式的基本设置方法参照 4.2.1 节。

5.2.2 导入 CAD 底图预设线样式

通过导入 CAD 底图来预设线样式的方法同 4.2.2 节。设置好以后，新增的线样式如图 5.2.1 所示。

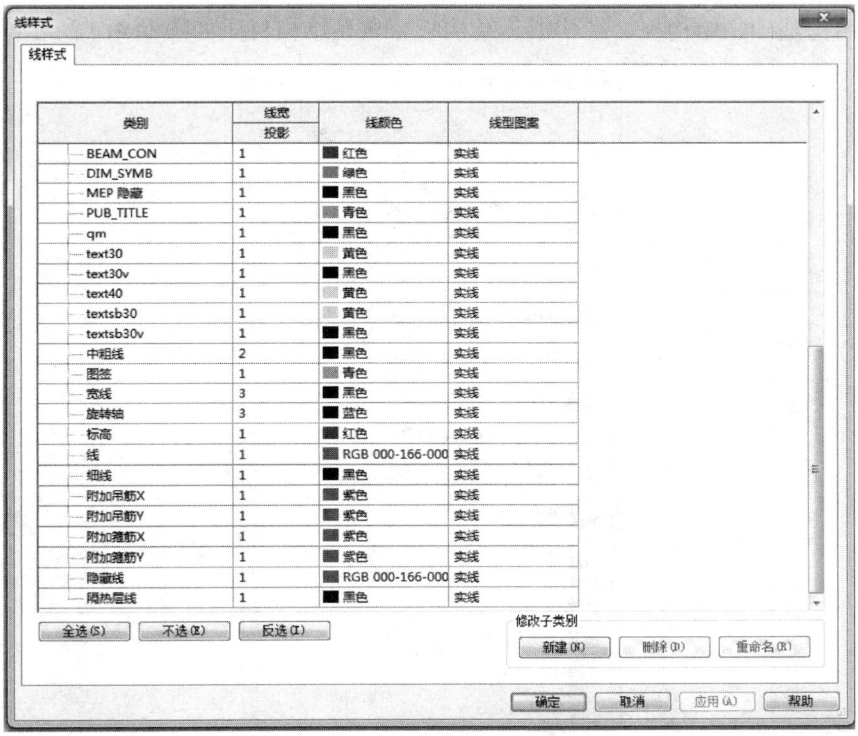

线样式

线样式

类别	线宽 投影	线颜色	线型图案
BEAM_CON	1	红色	实线
DIM_SYMB	1	绿色	实线
MEP 隐藏	1	黑色	实线
PUB_TITLE	1	青色	实线
qm	1	黑色	实线
text30	1	黄色	实线
text30v	1	黑色	实线
text40	1	黄色	实线
textsb30	1	黄色	实线
textsb30v	1	黑色	实线
中粗线	2	黑色	实线
图签	1	青色	实线
宽线	3	黑色	实线
旋转轴	3	蓝色	实线
标高	1	红色	实线
线	1	RGB 000-166-000	实线
细线	1	黑色	实线
附加吊筋X	1	紫色	实线
附加吊筋Y	1	紫色	实线
附加箍筋X	1	紫色	实线
附加箍筋Y	1	紫色	实线
隐藏线	1	RGB 000-166-000	实线
隔热层线	1	黑色	实线

全选(S)　不选(X)　反选(I)

修改子类别
新建(N)　删除(D)　重命名(R)

确定　取消　应用(A)　帮助

图 5.2.1　完全分解 CAD 底图后的线样式

5.3 对象样式

5.3.1 对象样式的基本设置

对象样式的基本设置方法参照 4.3.1 节。

5.3.2 对象样式中类别参数的设置依据

结构专业项目样板中，过滤器列表中，钩选"结构"，对结构列表下的类别进行"线宽"、"线颜色"、"线型图案"的设置。线宽、线型图案根据 5.1.2 节表 5.1 中的内容进行设置，主要对模型对象及注释对象下的类别进行设置。

5.4 材质

结构专业材质需求主要体现为：BIM 结构模型各构件对材质信息需求。

因 BIM 结构模型当前材质需求有限，建议建立通用 BIM 结构材质模板，提升项目实施效率。结构材质创建方法同建筑篇建筑材质创建方法相同。BIM 模型中主要的各结构构件为：结构基础、结构柱、结构梁、结构板。典型结构材质如图 5.4.1 所示。

图 5.4.1 典型结构材质

5.5 项目浏览器

结构专业项目浏览器设置方法同建筑专业项目浏览器设置方法相同，结构专业项目样板项目浏览器组织如图 5.5.1 所示。

图 5.5.1　结构专业项目样板项目浏览器

5.6　结构专业视图样板

5.6.1　结构专业视图样板

结构专业的视图类型主要有平面图、立面图、剖面图、大样图、详图平面、三维视图等，按照不同的视图类型设置相应的视图样板，下面以"S-1-1 结构基础平面"的视图样板为例介绍设置流程：

（1）"视图"→"视图样板"→"管理视图样板"→"复制新建"→"设置名称"→"确定"，如图 5.6.1 所示；

（2）视图比例：此样板暂设置为"1∶100"；

（3）显示模型：此样板暂设置为"标准"；

（4）详细程度：此样板暂设置为"中等"；

（5）零件可见性：此样板暂设置为"显示原状态"；

（6）V/G 替换模型：逐个钩选结构专业所需图元的可见性，并根据所需的显示样式设置图元的显示样式，完成设置后"确定"，如图 5.6.2 所示；

（7）V/G 替换注释：设置相应视图所需注释的可见性和线型，完成设置后"确定"，如图 5.6.3 所示；

（8）V/G 替换分析模型：按需要设置分析模型类别的可见性（此样板暂设置为全部不可见），如图 5.6.4 所示；

（9）V/G 替换导入：设置导入类别的可见性，此样板暂设置为全部可见，如图 5.6.5 所示；

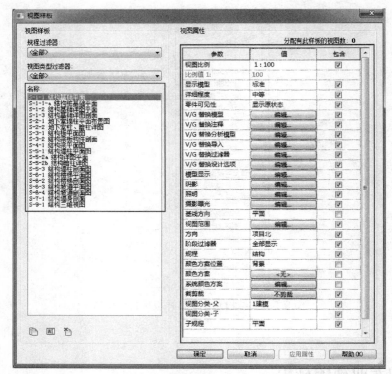

图 5.6.1 结构专业视图样板视图属性的设置

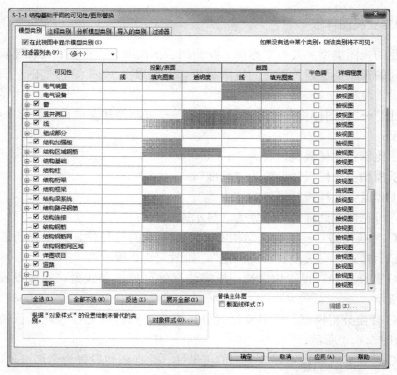

图 5.6.2 结构专业视图样板模型类别图元可见性的设置

图 5.6.3 结构专业视图样板注释类别图元可见性的设置

图 5.6.4 结构专业视图样板分析模型类别图元可见性的设置

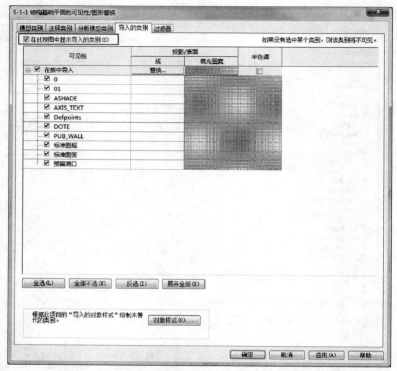

图 5.6.5 结构专业视图样板导入的类别图元可见性的设置

（10）V/G 替换过滤器：添加结构专业所需的过滤器，设置各过滤器其线型、颜色及

图 5.6.6 结构专业视图样板过滤器的设置

填充样式，设置完成后确定，如图5.6.6所示；

（11）模型显示：选择适合该视图的显示样式，此样板暂设置为："着色"，设置完成后"确定"，如图5.6.7所示；

（12）阴影、照明、摄影曝光：按照模型显示样式来设置相应的值，此视图样板暂默认设置；

（13）基线方向：默认为平面，此项在包含栏未钩选；

图5.6.7 结构专业视图样板图形显示的设置

（14）视图范围：设置该视图样板的视图范围，此样板暂设置为："顶：3000mm"，"剖切面：1200mm"，底和视图深度均为−1000mm，如图5.6.8所示；

（15）方向：默认为项目北；

（16）阶段过滤器，按需设置，此视图样板暂设置为"全部显示"；

（17）规程：此视图样板选择结构；

（18）颜色方案位置：默认为背景，此项在包含栏未钩选；

（19）颜色方案：按需要选择或添加颜色方案，此视图样板暂设置为无，且此项在包含栏未钩选，若已添加颜色方案，需在包含栏进行钩选；

图5.6.8 结构专业视图样板视图范围的设置

（20）系统颜色方案：按需要选择或添加颜色方案，此视图样板暂不进行设置，且此项在包含栏未钩选，在机电专业样板内可设置，需在包含栏进行钩选；

（21）"子规程"、"视图分类"的设置与浏览器组织设置有关，此部分可参照浏览器组织设置相关内容。

5.6.2 结构专业视图样板应用

此部分内容设置参照第4.6.2节建筑专业视图样板应用设置，根据结构专业的内容作相应调整。

5.7 构件类型

定制 BIM 项目样板时，Revit 默认样板中的构件类型并不能满足项目实施之需要；需要对各构件进行命名和归类，使之达到项目实施构件需求。结构专业中，构件类型主要包括常用的剪力墙体、结构柱、框架梁、结构楼板、基础等。

以结构柱类型为例，为建立项目级样板，需要对 Revit 默认的结构柱进行修改，包括柱的命名、构造类型等，本样板以混凝土结构矩形柱为例，对需要定义的结构柱类型进行命名，对其构造方式进行编辑。

图 5.7.1 "柱"选项

（1）单击"结构"选项卡→"柱"，如图 5.7.1 所示。

（2）选择柱，单击"编辑类型"，如图 5.7.2 所示。

（3）对结构柱进行命名为"1F-KZ1（1A）－300×400mm"，如图 5.7.3 所示。

图 5.7.2 "编辑类型"选项

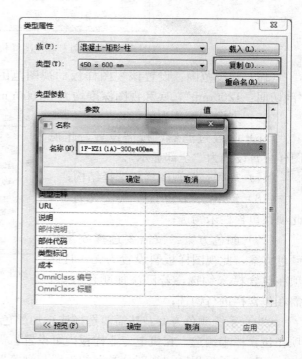

图 5.7.3 结构柱命名

（4）对结构柱类型参数"b、h"进行编辑，如图 5.7.4 所示。

（5）项目样板结构柱类型示意，如图 5.7.5 所示。

结构柱的设置包括命名方式和构造做法，命名方式可根据自身项目需求进行定义，其他构件类型设定与结构柱设置方法相同。

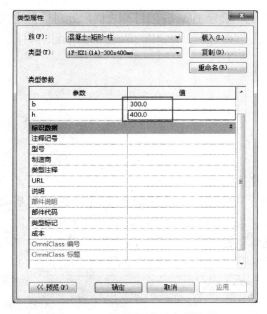

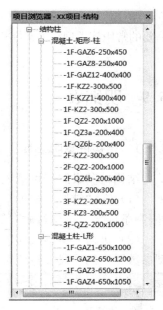

图 5.7.4 结构柱类型参数编辑　　　　　图 5.7.5 项目样板结构柱类型

5.8 常用族

制定 BIM 项目样板的过程中，基于项目级的 BIM 应用，可在定制项目样板的过程中，载入或自定义项目需要的族。以二维出图为例，Revit 默认的符号族不能满足出图需求，需要前期载入符号族，如结构柱标记、梁原位标注、基础标注、钢筋标注等，如图 5.8.1 所示。

图 5.8.1　载入符号族

常用族的定义建立在项目 BIM 应用的基础之上，确定 BIM 应用目标之后，针对性地定义需要的常用族类型。可选择相应的族样板进行创建或载入现有族库中的族进行常用族的选择。

5.9 明细表

5.9.1 结构桩基明细表

结构桩基隶属于可载入族，设置项目结构桩基属性步骤：

（1）在"结构"选项卡中选择"结构基础：独立"，在属性面板中可设置结构基础"限制条件"、"结构材质"等明细参数。完成后单击"编辑类型"，如图 5.9.1 所示。

（2）进入"类型属性"对话框后，对"类型"名称"重命名"为："ZH-"，并对"类型参数"中的"尺寸标注"设置"长度"、"宽度"、"类型标记"。如图 5.9.2 所示。

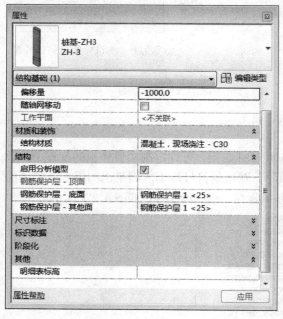

图 5.9.1　桩基属性

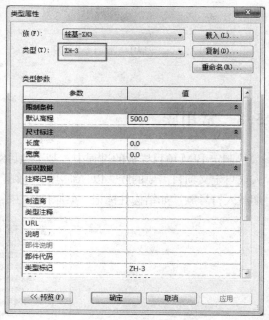

图 5.9.2　桩基类型属性

（3）结构桩基参数设定完成后可以在软件中模型。并通过"视图"选项卡选择"明细表"，在下拉列表中选择"明细表/数量"，打开新建明细表对话框，如图 5.9.3 所示，选择"结构"、"结构基础"类别。

（4）明细表属性中"字段"：添加"底部标高"、"族"、"类型"、"偏移量"、"结构材质"、"体积"、"合计"等明细表字段。如图 5.9.4 所示

（5）明细表属性"过滤器"：过滤条件选择"底部高程"、"不等于"、"−1100mm"、"偏移量"、"小于"、"0.0mm"。如图 5.9.5 所示。

（6）明细表属性"排序/成组"：选择排序方式为"族"、"升序"、"页脚"、"仅总数"、"类型"、"升序"，"体积"、"升序"。钩选"总计"，选择"标题和总数"显示构件的统计

量。如图 5.9.6 所示。

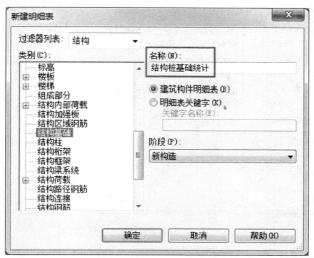

图 5.9.3 结构桩基新建明细表

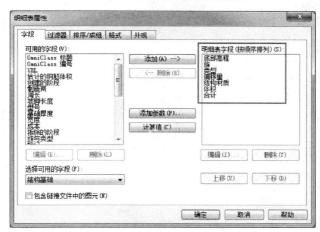

图 5.9.4 桩基明细表属性"字段"

图 5.9.5 桩基明细表属性"过滤器"

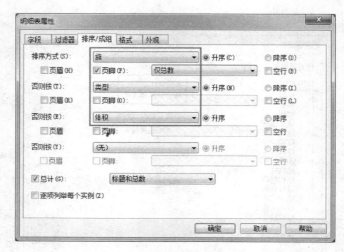

图 5.9.6　桩基明细表属性"排序/成组"

（7）明细表属性"格式"：选择"体积"，钩选"计算总数"。如图 5.9.7 所示。

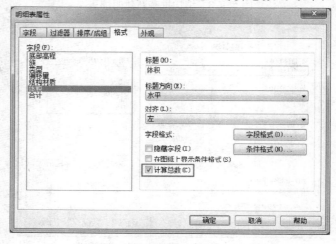

5.9.7　桩基明细表属性"格式"

注意："体积"根据项目需要设定"字段格式"中"单位"和舍入"3 个小数位"。
（8）结构桩基参数设定完成后桩基明细表如图 5.9.8 所示。

\<结构桩基础统计\>						
A	**B**	**C**	**D**	**E**	**F**	**G**
底部高程	族	面积	类型	偏移量	体积	合计
-11750	桩基-ZH1	28.23	ZH-1	-1000	14.86	4
-11750	桩基-ZH1	28.44	ZH-1	-1000	14.99	1
桩基-ZH1: 5						5
-12850	桩基-ZH3	37.75	ZH-3	-1000	21.67	7
桩基-ZH3: 7						7
-11700	桩基-ZH4	30.62	ZH-4	-1000	16.64	5
桩基-ZH4: 5						5
-12250	桩基-ZH7	33.34	ZH-7	-1000	18.52	2
-12250	桩基-ZH7	33.59	ZH-7	-1000	18.68	3
桩基-ZH7: 5						5
总计						22

图 5.9.8　桩基明细表

注意：结构桩基明细表都以此模板为参考，提取结构桩基明细表。

（9）结构承台与结构基础明细表设置方法相同，在此不再重复叙述，如图5.9.9所示。

<结构承台基础统计>						
A	B	C	D	E	F	G
底部高程	族	面积	类型	偏移量	体积	合计
-1500	CT-1	6.03	1200x2100mm	0	2.39	1
-1500	CT-1	5.60	1200x2000mm	0	2.40	1
-1500	CT-1	5.82	1200x2100mm	0	2.52	3
-1500	CT-1	6.48	1200x2400mm	0	2.88	2
-1500	CT-1	6.59	1200x2450mm	0	2.94	4
-1500	CT-1	7.17	1200x2600mm	0	2.96	2
-1500	CT-1	7.30	1300x2500mm	0	3.09	1
-1500	CT-1	6.92	1200x2600mm	0	3.12	1
-1500	CT-1	7.05	1300x2500mm	0	3.25	1
-1500	CT-1	7.25	1200x2750mm	0	3.30	5
-1500	CT-1	7.36	1200x2800mm	0	3.36	1
CT-1: 22						22

图5.9.9　结构承台明细表

5.9.2　结构柱明细表

地下层、首层、标准层柱隶属于"可载入族"，设置项目地下层、首层、标准层柱属性步骤：

（1）在"结构"选项卡中选择"柱"，在属性面板中可设置柱"限制条件"、"结构材质"等参数。完成后单击"编辑类型"。如图5.9.10所示。

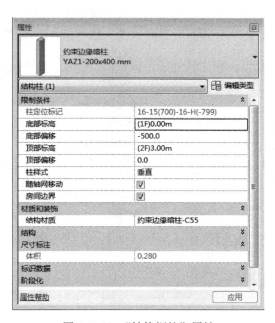

图5.9.10　"结构框柱"属性

（2）进入"类型属性"对话框后，对"类型"名称"重命名"为："YAZ1-200×400"mm，并对类型参数中的尺寸标注设置"b、h"。如图 5.9.11 所示。

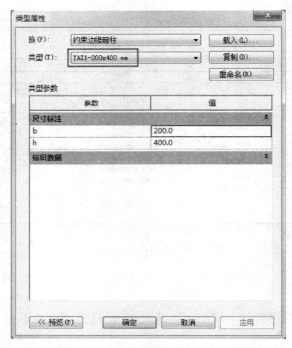

图 5.9.11　"结构框柱"类型属性

（3）"结构框柱"参数设定完成后可在软件中绘制"结构框柱"模型，并通过"视图"选项卡选择"明细表"选项，在下拉列表中选择"明细表/数量"。

（4）进入"新建明细表"对话框，选择建筑"结构框柱"类别。如图 5.9.12 所示。

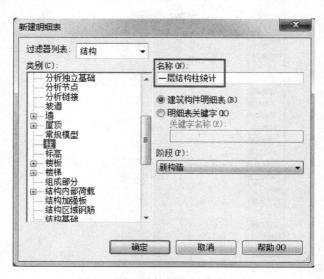

图 5.9.12　结构框柱新建明细表

（5）明细表属性中"字段"：添加"底部标高"、"族"、"注释"、"类型"、"结构材质"、"体积"、"合计"等明细字段，如图 5.9.13 所示。

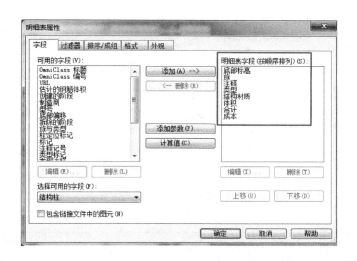

图 5.9.13　结构柱明细表属性"字段"

（6）明细表属性"排序/成组"：选择排序方式为"底部标高"、"升序""页脚"、"仅总数"，"体积""升序"，"注释"、"升序"。钩选"总计"，选择"标题和总数"显示构件的统计量。如图 5.9.14 所示。

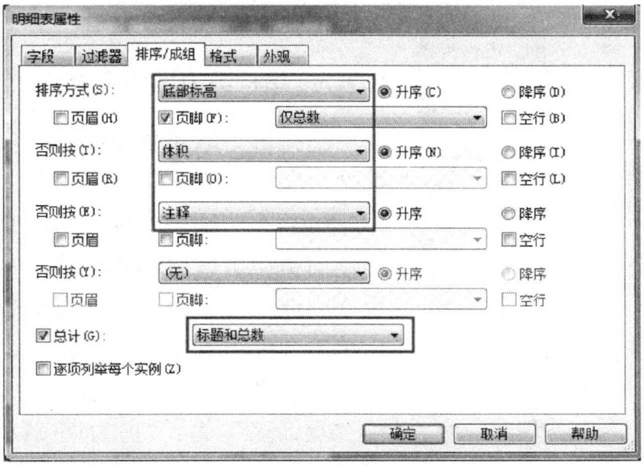

图 5.9.14　结构框柱明细表属性"排序/成组"

（7）明细表属性"格式"：选择"体积"，钩选"计算总数"。如图 5.9.15 所示。
注意："体积"根据项目需要设置"字段格式"中"单位"和舍入"3 个小数位"。
（8）结构框柱参数设置完成后框柱明细表如图 5.9.16 所示。
注意：结构框柱明细表都以此模板为参考，提取结构框柱明细表。

图 5.9.15 结构柱明细表属性 "格式"

<结构柱统计>							
A	B	C	D	E	F	G	H
底部标高	族	注释	类型	结构材质	体积	合计	成本
(1F)0.00m	约束边缘暗柱	YAZ1	YAZ1-200x400	约束边缘暗柱-C55	0.56	2	320.00
(1F)0.00m	约束边缘暗柱	YJZ3	YJZ3-200x500	约束边缘暗柱-C55	0.35	1	320.00
(1F)0.00m	约束边缘转角墙柱-L型	YJZ1	YJZ1-500-500m	约束边缘转角墙柱-C55	3.36	6	320.00
(1F)0.00m	约束边缘转角墙柱-L型	YJZ5	YJZ5-500-700m	约束边缘转角墙柱-C55	1.40	2	320.00
(1F)0.00m	约束边缘暗柱	YJZ2	YJZ2-500-750m	约束边缘转角墙柱-C55	1.47	2	320.00
(1F)0.00m	约束边缘暗柱-T型	YJZ4	YJZ4-500-1300	约束边缘暗柱-C55	1.12	1	320.00
					8.26	14	
(2F)3.00m	约束边缘暗柱	YAZ1	YAZ1-200x400	约束边缘暗柱-C55	0.48	2	320.00
(2F)3.00m	约束边缘暗柱	YJZ3	YJZ3-200x500	约束边缘暗柱-C55	0.30	1	320.00
(2F)3.00m	约束边缘转角墙柱-L型	YJZ1	YJZ1-500-500m	约束边缘转角墙柱-C55	2.88	6	320.00
(2F)3.00m	约束边缘转角墙柱-L型	YJZ5	YJZ5-500-700m	约束边缘转角墙柱-C55	1.20	2	320.00
(2F)3.00m	约束边缘暗柱	YJZ2	YJZ2-500-750m	约束边缘转角墙柱-C55	1.26	2	320.00
(2F)3.00m	约束边缘暗柱-T型	YJZ4	YJZ4-500-1300	约束边缘暗柱-C55	0.96	1	320.00

图 5.9.16 结构框柱明细表

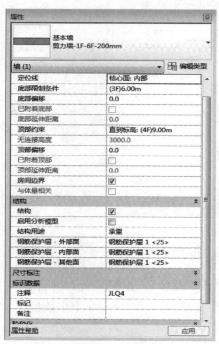

图 5.9.17 剪力墙属性

5.9.3 结构剪力墙明细表

结构剪力墙隶属于系统族，设置结构剪力墙属性步骤：

（1）在"结构"选项卡中选择"结构墙"，在属性面板中可设置结构剪力墙"限制条件"，标识数据的注释栏里为结构剪力墙命名"JLQ4"，完成后单击"编辑类型"。如图 5.9.17 所示。

（2）进入"类型属性"对话框后，对类型名称"重命名"为："剪力墙-1F-6F-200mm"，并对类型参数中的"结构"进行编辑，设置墙厚度为"200mm"，结构材质为"混凝土，现场浇筑-C55"。在这根据项目需要可设置墙体"功能"选择"内部、外部、基础墙"等参数。如图 5.9.18 所示。

（3）"结构剪力墙"参数设定完成后可在软件中绘制"结构剪力墙"模型，并通过"视图"选

图 5.9.18 "剪力墙"类型属性

项卡选择"明细表"选项，在下拉列表中选择"明细表/数量"。

（4）进入"新建明细表"对话框，选择结构"墙"类别。如图 5.9.19 所示。

（5）明细表属性中"字段"：添加"族"、"类型"、"注释"、"结构材质"、"面积"、"墙内外面积"、"体积"、"合计"等字段。如图 5.9.20 所示。

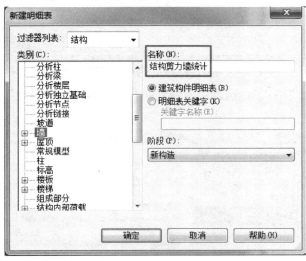

图 5.9.19　剪力墙新建明细表

注意：其中墙内外面积需先设定"计算值"后添加。

（6）明细表属性"排序/成组"：选择"排序方式"以"类型"、"升序"、"页脚"、"仅总数"，"注释"、"升序"，"面积"、"升序"。钩选"总计"，选择"标题和总数"显示构件的统计量。如图 5.9.21 所示。

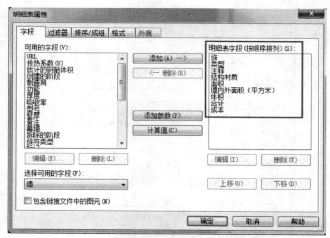

图 5.9.20　剪力墙明细表属性"字段"

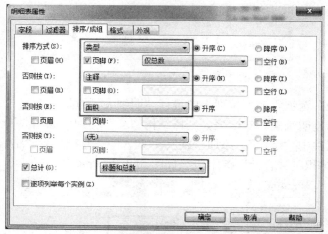

图 5.9.21　剪力墙明细表属性"排序/成组"

（7）明细表属性"格式"：选择"墙内外面积"、"体积"、"合计"，钩选"计算总数"。如图 5.9.22 所示。

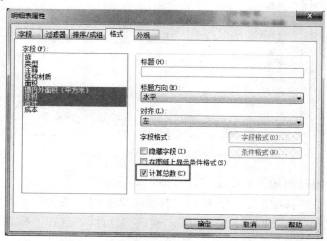

图 5.9.22　剪力墙明细表属性"格式"

注意："体积"，"墙内外面积"根据项目需要设置"字段格式"中"单位"和舍入"3个小数位"。

（8）结构剪力墙参数设定完成后剪力墙明细表如图5.9.23所示。

				<结构剪力墙统计>				
A	B	C	D	E	F	G	H
名称	厚度	注释	结构材质	墙内外面积（平方米）	体积	合计	混凝土单价（元
基本墙	200	JLQ1	混凝土，现场浇注 - C55	4.20	0.42	5	485
基本墙	300	JLQ1	混凝土，现场浇注 - C55	5.60	0.84	1	485
基本墙	200	JLQ1	混凝土，现场浇注 - C55	15.40	1.54	5	485
基本墙	200	JLQ2	混凝土，现场浇注 - C55	2.79	0.28	1	485
基本墙	200	JLQ2	混凝土，现场浇注 - C55	2.80	0.28	1	485
基本墙	200	JLQ2	混凝土，现场浇注 - C55	5.60	0.56	1	485
基本墙	200	JLQ2	混凝土，现场浇注 - C55	7.01	0.70	1	485
基本墙	200	JLQ2	混凝土，现场浇注 - C55	16.10	1.61	1	485
基本墙	200	JLQ2	混凝土，现场浇注 - C55	17.52	1.75	1	485
基本墙	200	JLQ2	混凝土，现场浇注 - C55	23.80	2.38	1	485
基本墙	200	JLQ3	混凝土，现场浇注 - C55	4.20	0.42	3	485
基本墙	200	JLQ3	混凝土，现场浇注 - C55	14.00	1.40	3	485
基本墙	200	JLQ4	混凝土，现场浇注 - C55	2.80	0.28	2	485
基本墙	200	JLQ4	混凝土，现场浇注 - C55	4.20	0.42	2	485

图5.9.23　剪力墙明细表

注意：结构剪力墙明细表都以此模板为参考，提取"结构剪力墙"明细表。

5.9.4 结构框架梁明细表

结构梁隶属于"系统族"，创建项目"结构梁"属性步骤：

（1）在"结构"选项卡中选择"梁"，在属性面板中可设置结构梁"限制条件"、"标识数据"等明细参数。完成后单击"编辑类型"。如图5.9.24所示。

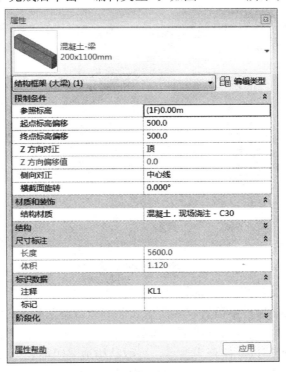

图5.9.24　"结构梁"属性

图 5.9.25 "结构梁"类型属性

（2）进入"类型属性"对话框后，对类型名称"重命名"为："L＿L4 200×400"，并对类型参数中的"尺寸标注"设置"b、h"。如图 5.9.25 所示。

（3）结构梁参数设置完成后可在软件中绘制结构梁模型，并通过"视图"选项卡选择"明细表"选项，在下拉列表中选择"明细表/数量"。

（4）进入"新建明细表"对话框，选择"结构框架"类别。如图 5.9.26 所示。

（5）明细表属性中"字段"：添加"底部标高"、"参照标高"、"族"、"注释"、"类型"、"结构材质"、"体积"、"合计"等明细表字段。如图 5.9.27 所示。

（6）明细表属性"排序/成组"：选择"排序方式"为"参照标高"、"升序"，"注释"、"升序"，"体积"、"升序"，钩选"总计"，选择"标题和总数"显示构件的统计量。如图 5.9.28 所示。

图 5.9.26 结构梁新建明细表

（7）明细表属性"格式"面板选择"体积"，钩选"计算总数"。如图 5.9.29 所示。

注："体积"根据项目需要设置"字段格式"中"单位"和舍入"3 个小数位"。

（8）结构梁参数设置完成后梁明细表如图 5.9.30 所示。

（9）结构梁明细表都以此模板为参考，提取结构地梁明细表。如图 5.9.31 所示。

（10）结构地梁与结构梁明细表设置方法相同，在此不再重复叙述。

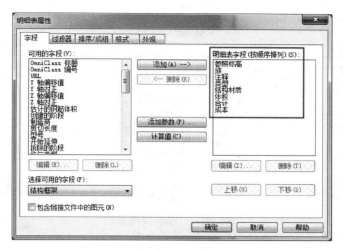

图 5.9.27 结构梁明细表属性"字段"

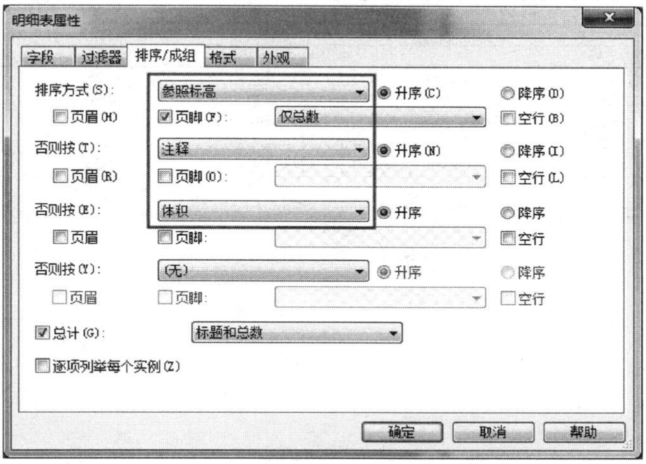

图 5.9.28 结构梁明细表属性"排序/成组"

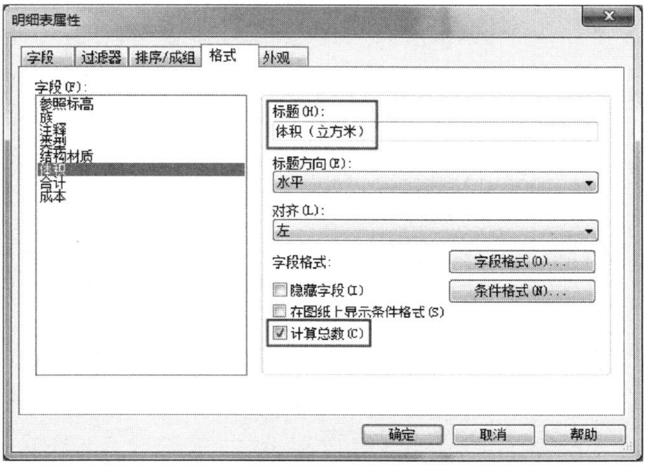

图 5.9.29 结构梁明细表属性"格式"

\<结构框架梁统计\>							
A	B	C	D	E	F	G	H
参照标高	族	注释	宽度x高度	结构材质	体积	合计	混凝土单价
(3F)6.00m	混凝土-梁	L1	200x500mm	混凝土，现场浇注 - C30	0.02	4	320
(3F)6.00m	混凝土-梁	XL1	200x500mm	混凝土，现场浇注 - C30	0.03	4	320
(3F)6.00m	混凝土-梁	XL3	200x500mm	混凝土，现场浇注 - C30	0.03	2	320
(3F)6.00m	混凝土-梁	XL1	200x500mm	混凝土，现场浇注 - C30	0.04	1	320
(3F)6.00m	混凝土-梁	L17	150x450mm	混凝土，现场浇注 - C30	0.05	1	320
(3F)6.00m	混凝土-梁	XL1	200x500mm	混凝土，现场浇注 - C30	0.06	1	320
(3F)6.00m	混凝土-梁	XL4	200x500mm	混凝土，现场浇注 - C30	0.06	1	320
(3F)6.00m	混凝土-梁	XL5	200x500mm	混凝土，现场浇注 - C30	0.06	2	320
(3F)6.00m	混凝土-梁	KL18	200x400mm	混凝土，现场浇注 - C30	0.07	1	320
(3F)6.00m	混凝土-梁	kl18	200x400mm	混凝土，现场浇注 - C30	0.07	1	320
(3F)6.00m	混凝土-梁	XL2	200x450mm	混凝土，现场浇注 - C30	0.07	4	320
(3F)6.00m	混凝土-梁	L14	150x400mm	混凝土，现场浇注 - C30	0.08	1	320

图 5.9.30　结构梁明细表

\<结构框架地梁统计\>							
A	B	C	D	E	F	G	H
参照标高	族	注释	宽度x高度	结构材质	体积（立方米）	合计	混凝土单价
-0.30m	混凝土-地梁JK	JKZL2	400x1200mm	混凝土，现场浇注 - C55	0.95	1	435.00
-0.30m	混凝土-地梁JK	JKZL2	400x1200mm	混凝土，现场浇注 - C55	0.98	1	435.00
-0.30m	混凝土-地梁JK	JKZL2	400x1200mm	混凝土，现场浇注 - C55	1.19	2	435.00
-0.30m	混凝土-地梁JK	JKZL2	400x1200mm	混凝土，现场浇注 - C55	1.21	1	435.00
-0.30m	混凝土-地梁JK	JKZL2	400x1200mm	混凝土，现场浇注 - C55	1.23	1	435.00
总计						6	
						6	

图 5.9.31　结构地梁明细表

6 给水排水篇

在 Revit 中，默认机电样板中的基本设置并不能满足给水排水专业的设计需要。本篇基于完成公共设置的项目样板，介绍给水排水专业项目样板的设置，包括线样式、对象样式、机械设置、管道系统等。

6.1 初始项目样板选择

Revit 默认的机械样板是暖通专业的样板，设置给水排水专业的项目样板需重新选择初始项目样板。给水排水专业的初始项目样板中默认载入了一些给水排水专业常用族，如"喷头"、"卫浴装置"等。

（1）启动 Revit→单击应用程序菜单"新建"→弹出"新建"项目对话框，如图 6.1.1 所示；

（2）单击样板文件区域的"浏览"→Revit 自动浏览到安装时生成的"China"的文件夹，如图 6.1.2 所示→选择给水排水专业初始项目样板"Plumbing-De-faultCHSCHS"→单击"打开"→返回"新建"项目对话框；

图 6.1.1 新建项目

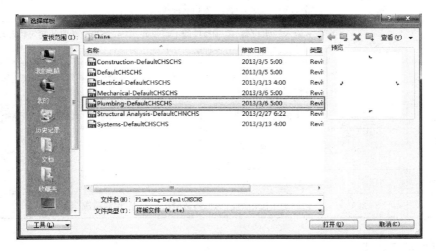

图 6.1.2 选择样板

（3）"新建"参数栏中选择"项目样板"；

（4）完成这些设置后单击"新建"项目对话框中的"确定"，进入项目样板界面。

6.2 线宽

6.2.1 线宽的基本设置

线宽的基本设置方法参照 4.1.1 节。

6.2.2 线宽的设置依据

（1）根据《建筑给水排水制图标准》GB/T 50106—2010，给水排水专业图线宽度 b，应根据国家现行标准《房屋建筑制图统一标准》GB/T 50001—2010 中的规定，线宽 b 宜为 0.7mm 或 1.0mm。

（2）根据《建筑给水排水制图标准》GB/T 50106—2010，给水排水专业制图采用的各种图线，应符合表 6.2.1 的规定。

图线

表 6.2.1

名称	线宽	一般用途
粗实线	b	新设计的各种排水和其他重力流管线
粗虚线	b	新设计的各种排水和其他重力流管线的不可见轮廓线
中粗实线	$0.7b$	新设计的各种给水和其他压力流管线；原有的各种排水和其他重力流管线
中粗虚线	$0.7b$	新设计的各种给水和其他压力流管线；原有的各种排水和其他重力流管线的不可见轮廓线
中实线	$0.5b$	给水排水设备、零（附）件的可见轮廓线；总图中新建的建筑物和构筑物的可见轮廓线；原有的各种给水和其他压力流管线
中虚线	$0.5b$	给水排水设备、零（附）件的不可见轮廓线；总图中新建的建筑物和构筑物的不可见轮廓线；原有的各种给水和其他压力流管线不可见轮廓线
细实线	$0.25b$	建筑物的可见轮廓线；总图中原有的建筑物和构筑物的可见轮廓线；制图中的各种标注线
细虚线	$0.25b$	建筑物的不可见轮廓线；总图中原有的建筑物和构筑物的不可见轮廓线
细单点长画线	$0.25b$	中心线、定位轴线
折断线	$0.25b$	断开界线
波浪线	$0.25b$	平面图中水面线；局部构造层次范围线；保温范围示意线

6.2.3 线宽的具体设置

根据线宽的设置依据对给水排水项目样本中的线宽进行设置。对于模型线宽，当视图比例≥1：100 时，选用 $b=1.0$mm 的线宽组；当视图比例＜1：100 时，选用 $b=0.7$mm 的线宽组，具体设置如图 6.2.1 所示。

图 6.2.1 模型线宽设置

透视图线宽及注释线宽与视图比例无关，选用 $b=0.7$mm 的线宽组进行设置，具体设置如图 6.2.2、图 6.2.3 所示。

图 6.2.2 透视视图线宽设置

图 6.2.3　注释线宽设置

6.3　线样式

6.3.1　线样式的基本设置

线样式的基本设置同 4.2.1 节。

6.3.2　导入 CAD 底图预设线样式

通过导入 CAD 底图来预设线样式的方法同 4.2.2 节。设置好以后，新增的线样式如图 6.3.1 所示。

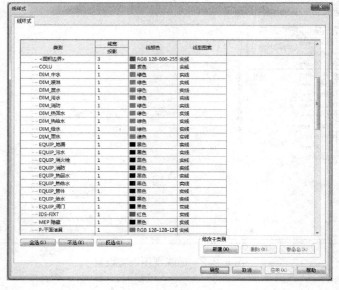

图 6.3.1　完全分解 CAD 底图后的线样式

6.4 对象样式

6.4.1 对象样式的基本设置

对象样式的基本设置方法参照 4.3.1 节。

6.4.2 对象样式中类别参数的设置依据

给水排水专业项目样板中，过滤器列表中，钩选"建筑"、"机械"、"管道"，对列表下的类别进行"线宽"、"线颜色"、"线型图案"的设置。线宽、线型图案根据 6.2.2 节表 6.1 中的内容进行设置，主要对模型对象及注释对象下的类别进行设置，其中颜色的设置依照表 6.4.1 中规定的内容。

给水排水管道系统颜色规定

表 6.4.1

管道名称	RGB
通气系统	51,0,51
自动喷淋系统	255,0,255
废水系统	153,051,51
排水系统	255,255,0
给水系统	0,255,0
污水系统	153,153,0
补水系统	255,128,192
热水回水系统	0,255,255
雨水系统	255,255,0
消防系统	255,0,0
热水供水系统	0,0,255

6.5 材质

给水排水专业材质要求主要为：各管道、卫浴装置、排水装置等。给水排水专业项目样板材质创建方法与建筑专业项目样板材质创建方法相同。给水排水专业项目样板材质可按项目构件需求建立，如图 6.5.1 所示。

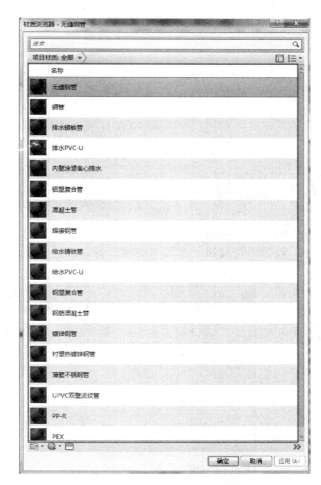

图 6.5.1 给水排水专业项目样板材质建立

6.6 项目浏览器

给水排水专业项目样板项目浏览器创建及设置方法与建筑专业项目样板项目浏览器创建方法相同，项目浏览器组织如图 6.6.1 所示。

图 6.6.1 给水排水专业项目浏览器组织

6.7 机械设置

在给水排水项目样板中，还需在"机械设置"中进行与给水排水专业相关信息的设置，包括"管段和尺寸"、"坡度"等，以提高设计效率。

"管理"选项卡→"MEP 设置"→"机械设置"，如图 6.7.1 所示。

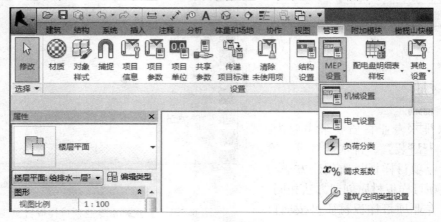

图 6.7.1 机械设置

6.7.1　管段和尺寸

Revit 中的管段是基于材质存在的，在给水排水设计过程中，使用 Revit 自带的管段并不能满足绘制要求，某些材质对应的管径不全，需要通过机械设置增加相应材质的管径，下面以 Revit 中"铁，铸铁-30"的材质为例介绍"管段和尺寸"的设置，如图 6.7.2 所示。

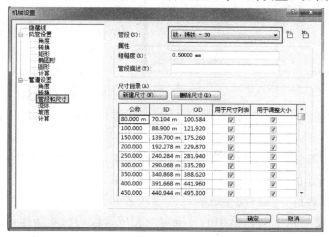

图 6.7.2　管道和尺寸的设置

1. 方法一

（1）在"机械设置"对话框中，单击"管段和尺寸"→"管段"一栏选择"铁，铸铁-30"；

（2）"粗糙度"默认为"0.50000mm"，可根据具体项目进行修改，此处默认设置；

（3）"管段描述"默认设置为描述信息，可根据具体需求添加；

（4）在"尺寸目录"栏中可查看到已有的管段尺寸，"公称"直径无小于 80mm 的管径，需添加相应管径。单击"新建尺寸"，进入"添加管道尺寸"对话框，如图 6.7.3 所示；

（5）在"公称直径"一栏输入"65.000mm"→按照 Revit 中管道尺寸规格在"内径"一栏输入"66.400mm"→在"外径"一栏输入"75.000mm"→单击"确定"完成此管道尺寸的添加，参照此方法可添加其他管道尺寸；若需删除已有尺寸，选中需要删除的尺寸，单击"删除尺寸"即可；

图 6.7.3　添加管道尺寸

（6）在"机械设置"对话框中单击"确定"完成"管道和尺寸"设置。

2. 方法二

可参照方法一对其他材质的管段进行"管道和尺寸"的设置。也可通过图 6.7.2 中"管段"栏右方的"新建"功能，新建所需材质的管段，如图 6.7.4 所示。

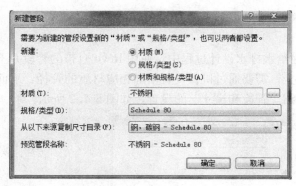

图 6.7.4　新建管段

（1）在"新建管段"对话框中，"新建"栏可选择"材质"（只新建材质）、"规格/类型"（只新建规格或类型）、"材质和规格/类型"（材质、规格同时新建），本例选择"材质"；

（2）"材质"一栏可通过右边的"链接"键进入材质库，选择需要的材质，本例选择"不锈钢"；

（3）"规格/类型"可通过下拉箭头进行选择，本例选择"Schedule 80"，若在"新建"一栏选择"规格/类型"或"材质和规格/类型"，则此处需自行输入设置；

（4）"从以下来源复制尺寸目录"可通过下拉箭头进行选择，本例设置为"钢，碳钢-Schedule 80"，即新建的管段将复制"钢，碳钢-Schedule 80"得所有管道尺寸；

（5）"预览管段名称"为自动生成的新建管段名称预览，无须设置；

（6）单击"新建管段"对话框中的"确定"完成管段的材质新建设置；

（7）完成管段的"属性"设置和"尺寸目录"设置，单击底部的"确定"即可完成管段的新建设置；

（8）若需要删除管道，也可使用图 6.7.2 中"管段"一栏右边的"删除"功能完成，已被使用的管段无法在此删除。

6.7.2　坡度

在给水排水设计过程中，排水功能的水平管都需设置相应的坡度。Revit 默认设置

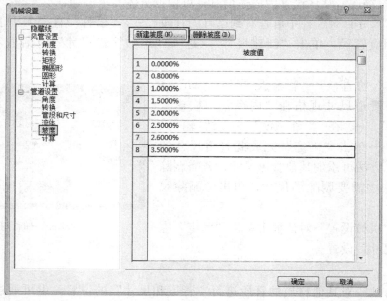

图 6.7.5　机械设置—坡度

了一些常用的坡度值，可根据项目需要增加坡度值。

（1）在"机械设置"对话框中，选中"坡度"，如图6.7.5所示；

（2）单击"新建坡度"→在弹出的"新建坡度"对话框中输入所需坡度值，本例设置为"0.3%"→单击"确定"，如图6.7.6所示。

图 6.7.6　新建坡度

6.8　管道类型

在实际项目中，根据不同的用途，管道材质的采用也不同。不同材质管道的公称直径范围、管件尺寸及形状均不相同。绘制管道之前，需进行管道类型的设置，以便对不同的管道进行管理。管道类型的规范设置还有利于明细表统计和系统的区分。Revit 中默认的管道类型为"标准"，可根据项目具体需求添加管道类型。

（1）"系统"选项卡→"管道"→属性栏中，单击"编辑类型"，进入"类型属性"对话框，如图6.8.1所示；

（2）在"类型属性"对话框中，单击"复制"→在"名称"对话框中输入新建管道类型的名称，此处输入"给水系统"→单击"确定"返回"类型属性"对话框，如图6.8.2所示；

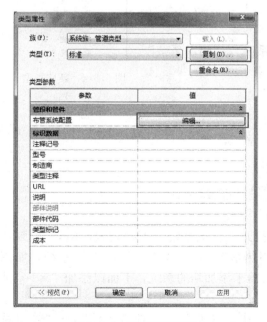

图 6.8.1　管道类型属性

图 6.8.2　新建类型

（3）新建的"给水系统"类型，还需进行"布管系统配置"的设置。单击"编辑"进入"布管系统配置"，如图6.8.3所示；

图 6.8.3　布管系统配置

（4）在"布管系统配置"对话框中，选择"管段"参数组中管道的类型为"PE 63-GB/T 13663-0.6MPa"，Revit 会自动更新管道的"最小尺寸"为 25mm 和"最大尺寸"为 300mm，可根据需要选择"最小尺寸"和"最大尺寸"，此处设置"最小尺寸"为 20mm，若没有需要的尺寸，可通过"管段和尺寸"功能进入"机械设置"对话框进行添加，具体设置可参照 6.7.1 节；

（5）可继续设置"弯头"、"首选连接类型"、"连接"等设置，此处全部使用 Revit 默认设置，若缺少相关管件族，可通过图 6.8.3 所示"布管系统配置"对话框中的"载入族"工具载入；

（6）完成设置后单击"确定"返回"类型属性"对话框；

（7）在"类型属性"对话框中，"标识数据"设置中包括了"注释记号"、"型号"、"类型注释"等，可根据项目需要进行添加。例如，可在"类型注释"中为给水系统添加注释"J-01"以区别系统；

（8）单击"类型属性"对话框中的"确定"完成新建类型设置。

同样的方法，新建："排水系统"、"消防系统"、"喷淋系统"等类型，并设置其类型属性，可在族列表中查看如图 6.8.4 所示。

图 6.8.4　新建类型

6.9　管道系统

在给水排水项目样板中，还需对管道系统进行设置，以便系统区分和明细表统计。

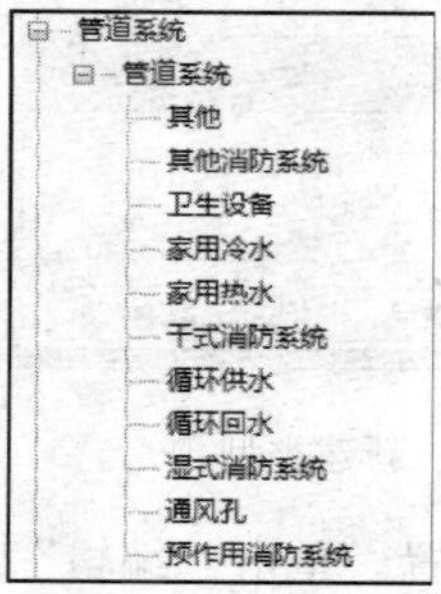

在项目浏览器中，打开"管道系统"下拉列表，Revit 中默认了"家用冷水"、"家用热水"、"干式消防系统"等系统，如图 6.9.1 所示。可根据项目需求添加新的系统，下面以添加"×F_消防系统"为例介绍。

（1）打开项目浏览器中的"族"→"管道系统"→"管道系统"；

（2）选中某个系统类型，此处选择"其他消防系统"→单击右键→单击"复制"；

图 6.9.1　管道系统

（3）选择复制的系统类型"其他消防系统 2"→单击右键→单击"重命名"→删除原有名称→输入"×F_ 消防系统"→"回车"；

（4）选中新建系统类型"×F_ 消防系统"→单击右键→选择"类型属性"或直接双击进入系统"类型属性"对话框，如图 6.9.2 所示；

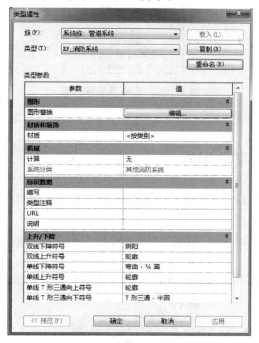

图 6.9.2　系统类型属性

（5）单击"图形替换"后的"编辑"，进入"线图形"对话框，如图 6.9.3 所示；

（6）"线图形"对话框中可设置管道系统的"宽度"、"颜色"以及"填充图案"，此处设置"颜色"为"红色"，"宽度"和"填充图案"默认为"无替换"，单击"确定"返回"类型属性"对话框；

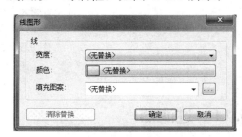

图 6.9.3　线图形

（7）"材质和装饰"参数栏可根据项目需求设置管道系统的材质，此处默认为"按类别"；

（8）"机械"参数栏，"计算"可选择"仅流量"、"全部"、"无"等，此系统类型默认为"无"；

（9）可根据项目需求设置"标识数据"参数栏中的"缩写"、"类型注释"、"URL"、"说明"等参数。例如，可设置"缩写"为"×F"；

（10）"上升/下降"参数栏中提供了管道及管件的显示符号，可通过各参数后的关联键改变其设置，此处不修改默认设置；

（11）单击"类型属性"对话框中"确定"，完成"×F_ 消防系统"类型属性设置。

可参照此方法新建给水排水专业其他系统，设置各系统的类型属性，可在族列表中查看如图 6.9.4 所示。

图 6.9.4　管道系统族列表

6.10　给水排水专业常用族

Revit 默认的机电样板中，雨水斗等常用的族未载入到项目中。在本给水排水项目样板中需载入常用族，以便在设计时直接使用。

（1）单击"插入"选项卡→"载入族"→选择常用的"管路附件"族，如雨水斗、阀门等→单击"打开"；

（2）可根据需要载入其他需要的族，可在族列表中查看，如图 6.10.1 所示。

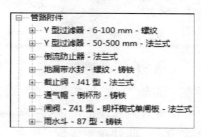

图 6.10.1　管路附件族列表

6.11　过滤器

Revit 中提供了过滤器的功能，可控制各图元的颜色、线型、填充图案及可见性。在给水排水专业项目样板中，为各管道系统创建过滤器，以便进行系统的区分和可见性的控制。

6.11.1　新建过滤器

下面以创建"ZP_自动喷淋系统"过滤器为例介绍过滤器设置流程。

（1）单击"视图"选项卡→"图形"面板中单击"过滤器"，进入"过滤器"对话框，如图 6.11.1 所示；

（2）在 Revit 机械样板中，默认设置有"卫生设备"、"家用冷水"、"家用热水"等过滤器，单击"新建"，进入"过滤器名称"对话框，如图 6.11.2 所示；

图 6.11.1 新建过滤器

图 6.11.2 过滤器名称

（3）删除"过滤器 1"的字样，输入名称"ZP_自动喷淋系统"，下方选择"定义条件"（若选择"选择"，可直接添加图元到过滤器中，本项目样板中不使用此"选择"），单击"确定"进入"过滤器"条件定义对话框，如图 6.11.3 所示；

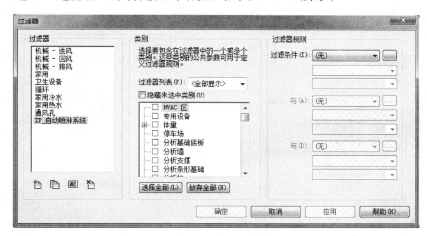

图 6.11.3 "过滤器"条件定义对话框

（4）在"类别"下方的"过滤器列表"中单击下拉箭头→不钩选"建筑"、"结构"、"机械"、"电气"，只钩选"管道"，如图 6.11.4 所示；

（5）在下方过滤器列表中根据需要钩选相应图元类别，此处设置为钩选"喷头"、"管件"、"管路附件"、"管道"、"管道占位符"、"管道系统"等类别，如图 6.11.5 所示；

（6）在"过滤器规则"中，单击"过滤条件"下拉箭头，Revit 提供了"注释"、"类型注释"、"系统分类"、"系统名称"等参数，如图 6.11.6 所示，此处选择"系统名称"；

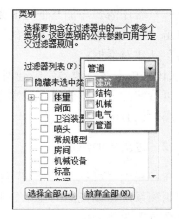

图 6.11.4 过滤器类别-过滤器列表

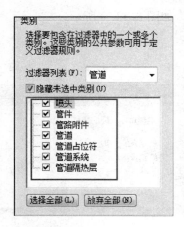

图 6.11.5　过滤器类别

图 6.11.6　过滤器规则 1

（7）单击下方的"等于"下拉箭头，可根据需要选择"等于"、"不等于"、"包含"等过滤条件关系，此处选择"包含"，如图 6.11.7 所示；

（8）在关键字参数栏输入所设置系统过滤器的关键字，此处设置为"自动喷淋系统"，如图 6.11.8 所示；

图 6.11.7　过滤器规则 2

图 6.11.8　过滤器规则 3

（9）若还需要添加其他过滤条件，则参照第（6）、（7）、（8）步骤设置，此处不设置，可单击"过滤器"对话框下方的"应用"，应用该过滤器的设置，单击"确定"返回"过滤器"新建对话框；

（10）单击"过滤器"新建对话框完成"ZP_自动喷淋系统"的新建及设置。

可参照此方法创建给水排水专业项目样板中其他系统的过滤器。也可根据具体需要删除或编辑已有的过滤器。

6.11.2　过滤器的添加

在各视图"可见性/图形替换"对话框中"过滤器"选项卡中可为该视图添加过滤器，以控制该系统在该视图的显示。下面以为"给水排水—层平面建模"视图添加"ZP_自动喷淋系统"为例介绍。

（1）打开"给水排水一层平面建模"视图→单击"视图"选项卡→"可见性/图形"，自动弹出"可见性/图形替换"对话框，切换至"过滤器"选项卡，如图6.11.9所示；

图6.11.9 可见性/图形替换-过滤器

（2）Revit机械样板中默认设置有"家用"、"卫生设备"和"通风孔"的过滤器，删除原有的过滤器；

（3）单击底部的"添加"→自动弹出"添加过滤器"对话框，如图6.11.10所示；

（4）选中所需的过滤器，此处选择"ZP_自动喷淋系统"过滤器，单击下方的"确定"，返回"可见性/图形替换"对话框；

（5）可钩选"可见性"来控制整个管道系统在该视图的可见性，此处暂设置为钩选"可见性"；

（6）线：在"投影/表面"中单击"线"参数栏下方的"替换"，自动弹出"线图形"对话框，如图6.11.11所示；

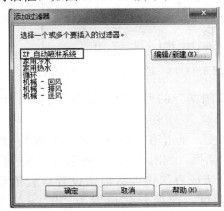

图6.11.10 添加过滤器

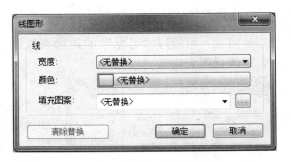

图6.11.11 线图形1

141

1）宽度：可通过"宽度"设置过滤器所控制图元的线宽，此处设置为无替换（因对象样式中已设置，若两处设置不同线宽，图面显示会产生冲突）；

2）颜色：单击"颜色"后的"替换"进入"颜色编辑器"，可根据项目需求或相关规定设置其颜色，此处按照表 6.2 中的关于颜色的规定，设置"ZP_自动喷淋系统"颜色为紫红色"255-0-255"，单击"确定"返回"线图形"对话框；

3）填充图案：可根据项目需求或相关规定设置其"填充图案"，此处选择为"实线"，设置完成如图 6.11.12 所示，单击"确定"返回"可见性/图形替换"对话框；

（7）在"可见性/图形替换"对话框中，可通过"投影/表面"中的"填充图案"设置管道在精细模式下显示的填充图案，单击下方的"替换"自动弹出"填充样式图形"对话框，如图 6.11.13 所示；

1）颜色：单击"颜色"后面的"无替换"可进入"颜色编辑器"为填充图案编辑颜色，此处宜和"线"颜色保持一致，选择"紫红色"；

2）填充图案：Revit 中提供了一些常用的"填充图案"，单击"无替换"下拉箭头，选择"实体填充"如图 6.11.14 所示；

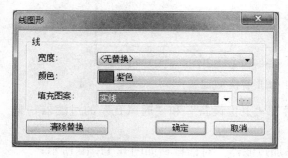

图 6.11.12　线图形 2

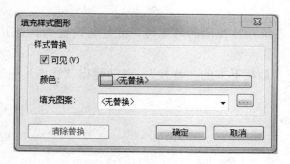

图 6.11.13　填充样式图形

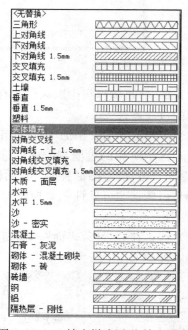

图 6.11.14　填充样式图形-填充图案

3）可见：可通过"可见"的钩选来控制"填充图案"的可见性，此处不钩选"可见"，三维视图宜钩选"可见"；

图 6.11.15　表面-透明度设置

（8）透明度：单击透明度下方的"替换"→弹出"表面"对话框，如图 6.11.15 所示→可通过拖动透明度控制条或直接输入数值来设置该管道系统表面的透明度，此处默认设置为"0"→单击"确定"→返回"可见性/图形替换"对话框；

（9）截面：此处不能进行设置；

（10）半色调：可通过钩选"半色调"来控制整个系统在此视图是否以半色调显示，此处不钩选"半色调"；

（11）完成所有设置，单击"确定"完成"可见性/图形替换"对话框中"过滤器的设置"，在项目中测试如图 6.11.16 所示。

图 6.11.16　喷淋系统管道

可参照此方法设置为此视图添加其他的过滤器，如图 6.11.17 所示。

图 6.11.17　可见/图形替换-过滤器

6.12　给水排水专业视图样板

6.12.1　给水排水专业视图样板

给水排水专业的视图分为给水排水和消防两大类，其类型主要有平面图、立面图、管井大样图、卫生间大样图、系统图、三维视图等，按照不同的视图类型设置相应的视图样板，下面以"P-2-1 给水排水平面建模"的视图样板为例介绍设置流程：

（1）单击"视图"选项卡→"视图样板"→"管理视图样板"→"复制新建"→"设置名称"→"确定"，如图 6.12.1 所示；

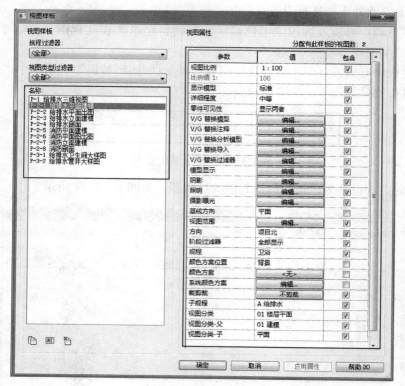

图 6.12.1 给水排水专业视图样板视图属性设置

（2）视图比例：此样板暂设置为"1：100"；

（3）显示模型：此样板暂设置为"标准"；

（4）详细程度：此样板暂设置为"中等"；

（5）零件可见性：此样板暂设置为"显示两者"；

（6）V/G 替换模型：逐个钩选给水排水专业所需图元的可见性，并根据所需的显示样式设置图元的显示样式，完成设置后"确定"，如图 6.12.2 所示；

（7）V/G 替换注释：设置相应视图所需注释的可见性和线型，完成设置后"确定"，如图 6.12.3 所示；

（8）V/G 替换分析模型：按需要设置分析模型类别的可见性，此样板暂设置为全部不可见，如图 6.12.4 所示；

（9）V/G 替换导入：设置导入类别的可见性，此样板暂设置为全部可见，如图 6.12.5 所示；

（10）V/G 替换过滤器：添加给水排水专业所需的过滤器，设置各过滤器的线型、颜色及填充图案，设置完成后"确定"，如图 6.12.6 所示；

（11）模型显示：选择适合该视图的显示样式，此视图样板暂设置为"隐藏线"，设置完成后"确定"，如图 6.12.7 所示；

（12）阴影、照明、摄影曝光：按照模型显示样式来设置相应的值，此视图样板暂默认设置；

（13）基线方向：默认为平面，此项在包含栏未钩选；

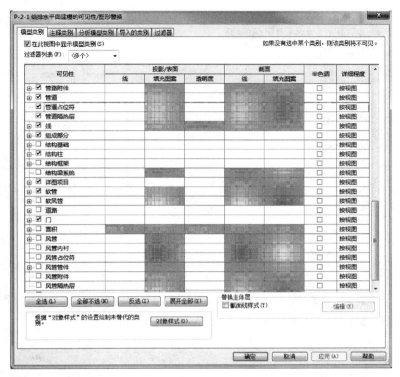

图 6.12.2 给水排水专业视图样板模型类别可见性的设置

图 6.12.3 给水排水专业视图样板注释类别可见性的设置

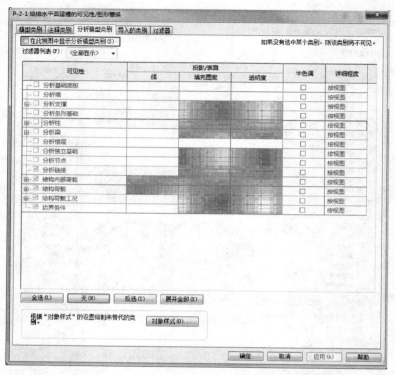

图 6.12.4　给水排水专业视图样板模型类别可见性的设置

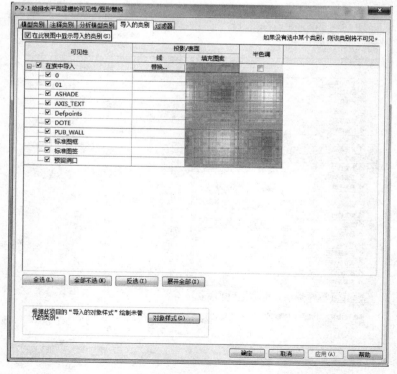

图 6.12.5　给水排水专业视图样板导入的类别可见性的设置

图 6.12.6 给水排水专业视图样板过滤器的设置

（14）视图范围：设置该视图样板的视图范围，此视图样板暂设置为："顶：4000mm"，"剖切面：4000mm"，底和视图深度均为－1000mm，如图 6.12.8 所示；

图 6.12.7 给水排水专业视图样板
图形显示的设置

图 6.12.8 给水排水专业视图样板视图范围的设置

（15）方向：默认为项目北；

（16）阶段过滤器：按需设置，此视图样板暂设置为"全部显示"；

（17）规程：此视图样板选择卫浴；

（18）颜色方案位置：默认为背景，此项在包含栏未钩选；

（19）颜色方案：按需要选择或添加颜色方案，此视图样板暂设置为无，且此项在包含栏未钩选，若已添加颜色方案，需在包含栏进行钩选；

（20）系统颜色方案：按需要选择或添加颜色方案，此视图样板不进行设置，且此项在包含栏未钩选，若设置，需在包含栏进行钩选；

（21）"子规程"、"视图分类"的设置与浏览器组织设置有关，此部分可参照浏览器组织设置相关内容。

6.12.2 给水排水专业视图样板的应用

此部分内容设置参照第 4.6.2 节建筑专业视图样板应用设置，根据给水排水专业的内容作相应调整。

7 暖通篇

暖通专业在使用 Revit 进行 BIM 设计时，通常选用的是系统自带的"机械样板"，机械样板中默认的设置项，不能满足暖通专业的全部需求，在本章节中，将详细的介绍基于完成公共设置项的暖通项目样板的其他需要项的设置。

7.1 线宽

7.1.1 线宽的基本设置

线宽的基本设置方法参照 4.1.1 节。

7.1.2 线宽的设置依据

（1）根据《暖通空调制图标准》GB/T 50114—2010，暖通专业图线宽度 b 和线宽组，应根据图样的比例、类别及使用方式确定基本宽度 b 宜选用 0.18mm、0.35mm、0.5mm、0.7mm、1.0mm。

（2）根据根据《暖通空调制图标准》GB/T 50114—2010，暖通专业制图采用的各种图线，应符合表 7.1.1 的规定。

图线 表 7.1.1

名称		线宽	一般用途
实线	粗	b	单线表示的管道
	中粗	$0.7b$	本专业设备轮廓、双线表示的管道轮廓
	中	$0.5b$	尺寸、标高、角度等标注线及引出线；建筑物轮廓
	细	$0.25b$	建筑布置的家具、绿化等；非本专业设备轮廓
虚线	粗	b	回水管线级单根表示的管道被遮挡的部分
	中粗	$0.7b$	本专业设备及双线表示的管道被挡住的轮廓
	中	$0.5b$	地下管沟、改造前风管的轮廓线；示意性连线
	细	$0.25b$	非本专业虚线表示的设备轮廓等
波浪线	中	$0.5b$	单线表示的软管
	细	$0.25b$	断开界线
细单点长画线		$0.25b$	轴线、中心线
双点长画线		$0.25b$	假想或工艺设备轮廓线
折断线		$0.25b$	断开界线

7.1.3 线宽的具体设置

根据线宽的设置依据对暖通专业项目样本中的线宽进行设置。对于模型线宽，当视图比例≥1：100 时，选用 $b=0.7$mm 的线宽组；当视图比例<1：100 时，选用 $b=0.5$mm 的线宽组，具体设置如图 7.1.1 所示。

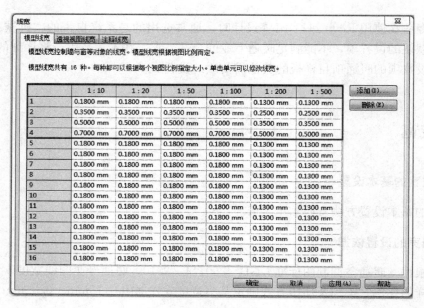

图 7.1.1　模型线宽设置

透视图线宽及注释线宽与视图比例无关，选用 $b=0.5$mm 的线宽组进行设置，具体设置如图 7.1.2、图 7.1.3 所示。

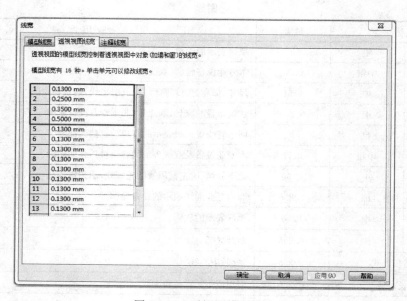

图 7.1.2　透视图线宽设置

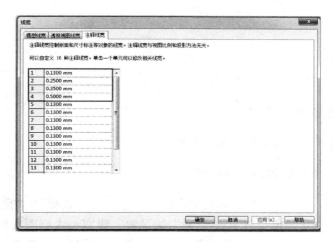

图 7.1.3　注释线宽设置

7.2　线样式

7.2.1　线样式的基本设置

线样式的基本设置同 4.2.1 节。

7.2.2　导入 CAD 底图预设线样式

通过导入 CAD 底图来预设线样式的方法同 4.2.2 节。设置好以后，新增的线样式如图 7.2.1 所示。

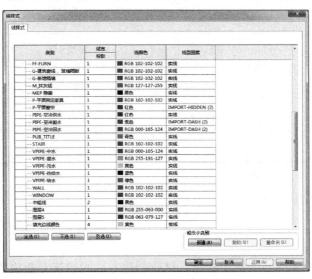

图 7.2.1　完全分解 CAD 底图后的线样式

7.3 对象样式

7.3.1 对象样式的基本设置

对象样式的基本设置方法参照 4.3.1 节。

7.3.2 对象样式中类别参数的设置依据

暖通专业项目样板中，过滤器列表中，钩选"建筑"、"机械"、"管道"，对列表下的类别进行"线宽"、"线颜色"、"线型图案"的设置。线宽、线型图案根据 7.1.2 章节表 7.1 中的内容进行设置，主要对模型对象及注释对象下的类别进行设置，其中颜色的设置依照表 7.3.1 中规定的内容。

暖通专业风管及管道系统颜色规定　　　　　　　　　　　　　表 7.3.1

系统名称	RGB	系统名称	RGB
补水系统	255,127,127	采暖供水系统	0,255,0
采暖回水系统	255,255,0	空调冷热水供水系统	159,127,255
空调冷热水供水系统	159,127,255	空调冷凝水系统	0,127,255
空调冷却水供水系统	153,76,0	空调冷却水回水系统	153,76,0
空调冷水供水系统	0,204,153	空调冷水回水系统	0,204,153
空调热水供水系统	255,0,255	空调热水回水系统	255,0,255
空调冷媒系统	255,0,0	排烟系统	255,255,0
新风系统	0,255,0	排风系统	255,191,127
送风系统	0,255,255	回风系统	255,0,255
加压送风系统	255,0,0	——	——

7.4 材质

暖通专业材质要求主要为常用管材，材质创建方法同建筑专业项目样板材质创建方法相同，可根据项目构件需求建立，如图 7.4.1 所示。

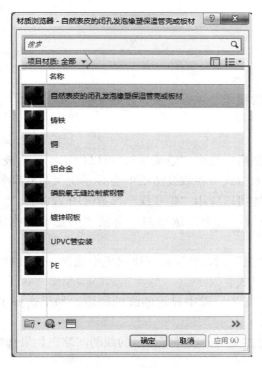

图 7.4.1 材质创建

7.5 项目浏览器

暖通专业项目样板项目浏览器创建及设置方法与建筑专业项目样板项目浏览器创建方法相同，项目浏览器组织如图 7.5.1 所示。

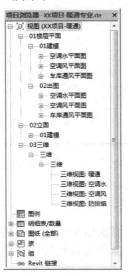

图 7.5.1 项目浏览器

7.6 机械设置

机械设置中，分为隐藏线、风管设置、管道设置三部分。

7.6.1 隐藏线

打开机械设置对话框后，选中"隐藏线"，可以指定项目中彼此相互交叉的风管和管道（单个平面中）的显示方式。在双线图纸中会显示交叉风管和管段。只有"视觉样式"设置为"隐藏线"时，才可以应用"隐藏线"参数（图7.6.1）。

1）绘制MEP隐藏线：选中该选项时，会使用为隐藏线指定的线样式和间隙绘制管道。

2）线样式：单击"值"列，然后从下拉列表中选择一种线样式，以确定隐藏分段的线在分段交叉处显示的方式。

3）内部间隙：指定交叉分段中显示的线的间隙。如果选择了"细线"，将不会显示间隙。

4）外部间隙：指定在交叉分段外部显示的线的间隙。如果选择了"细线"，将不会显示间隙。

5）单线：指定在分段交叉位置处单隐藏线的间隙。

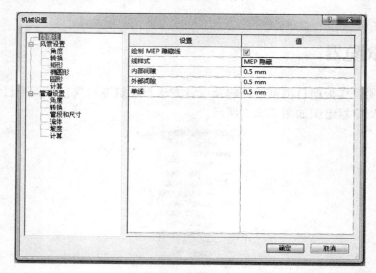

图7.6.1　隐藏线设置

7.6.2 风管设置

（1）选择"风管设置"后，右侧窗格会显示项目中所有风管系统共用的一组参数，可以为风管尺寸标注及对风管内流体参数等进行设置，如图7.6.2所示。

1）为单线管件使用注释比例

图 7.6.2　风管设置

　　如果钩选该复选框，在视图中，风管管件和风管附件在粗略显示程度下，将以"风管管件注释尺寸"参数所指定的尺寸显示。默认情况下，该设置是钩选的。如果取消钩选后继续绘制的风管管件和风管附件族将不再使用注释比例显示，但之前已经布置到项目中的风管管件和风管附件族不会更改，仍然使用注释比例显示。

　　2）风管管件注释尺寸

　　指定在单线视图中绘制的风管管件和风管附件的打印尺寸。无论图纸比例为多少，该尺寸始终保持不变。

　　3）矩形风管尺寸分隔符

　　指定用于显示矩形风管尺寸的符号。

　　4）矩形风管尺寸后缀

　　指定附加到根据"实例属性"参数显示的矩形风管的风管尺寸后的符号。

　　5）圆形风管尺寸前缀

　　指定前置在圆形风管的风管尺寸的符号。

　　6）圆形风管尺寸后缀

　　指定附加到根据"实例属性"参数显示的圆形风管的风管尺寸后的符号。

　　7）风管连接件分隔符

　　指定用于在两个不同尺寸的连接件之间分隔信息的符号。

　　8）椭圆形风管尺寸分隔符

　　指定用于显示椭圆形风管尺寸的符号。

　　9）椭圆形风管尺寸后缀

　　指定附加到根据"实例属性"参数显示的椭圆形风管的风管尺寸后的符号。

　　10）风管升/降注释尺寸

　　指定在单线视图中绘制的升/降注释的打印尺寸。无论图纸比例为多少，该尺寸始终保持不变。

（2）角度：选择默认的"使用任意角度"。

（3）转换：可设置干管、支管的风管类型和偏移，此处不进行修改。

（4）矩形、椭圆形、圆形：可根据需要新建尺寸或删除不需要的尺寸。

（5）计算：对风管进行水力计算时的计算依据，默认设置，不能进行修改。

7.6.3　管道设置

可以指定将应用于所有的管道系统的设置，包括空调水系统及多联机系统。

（1）单击"管道设置"，右侧窗格会显示项目中所有管道系统共用的一组参数，可以为管道尺寸标注参数进行设置，如图 7.6.3 所示。

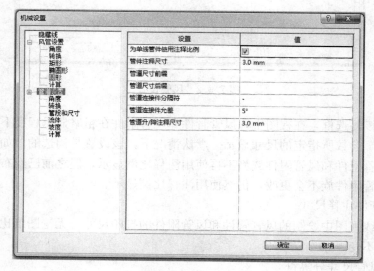

图 7.6.3　管道设置

1）为单线管件使用注释比例

如果钩选该复选框，在视图中，以使用"管件注释尺寸"参数所指定的尺寸来显示管件和附件。

2）管件注释尺寸

指定在单线视图中绘制的管件和附件的出图尺寸。无论图纸比例为多少，该尺寸始终保持不变。

3）管道尺寸前缀

指定前置到管道尺寸的符号；管道尺寸将显示在"实例属性"参数中。

4）管道尺寸后缀

指定附加到"实例属性"参数显示的管道尺寸后面的符号。

5）管道连接件分隔符

指定当使用两个不同尺寸的连接件时，用来分隔信息的符号。

6）管道连接件允差

指定管道连接件可以偏离指定的匹配角度多少度。默认设置为 5°。

7）管道升/降注释尺寸

指定在单线视图中绘制的升/降注释的打印尺寸。无论图纸比例为多少，该尺寸始终保持不变。

（2）角度：选择默认的"使用任意角度"。

（3）转换：可设置干管、支管的风管类型和偏移，此处不进行修改。

（4）管段和尺寸：可在"管段"中选择材质，并根据需要新建或删除尺寸。

（5）流体：可新建流体，或删除已有的流体，添加或删除温度参数。

（6）坡度：根据实际需要，新建坡度。

（7）计算：对水管进行水力计算时的计算依据，默认设置，不能进行修改。

7.7　风管系统

软件自带的项目样板中，默认的风管系统只有回风、送风、排风，不能满足绘图需要，需要根据已有的风管系统创建新的风管类型，具体操作为：在风管系统下，选择已有的风管类型，单击鼠标右键，在弹出的右键菜单中选择"复制"，即复制好一个风管系统，选择复制的风管系统，在弹出的右键菜单中选择"重命名"，将名称修改为所需要的风管类型，如图 7.7.1～图 7.7.4 所示。

图 7.7.1　创建风管类型 1

图 7.7.2　创建风管类型 2

图 7.7.3 创建风管类型 3

图 7.7.4 创建风管类型 4

7.8 管道系统

暖通专业中，管道系统主要分为空调水系统、采暖系统。

软件自带的项目样板中，默认的管道系统不能满足绘图需要，因此，在绘制管道之前，我们应对管道系统进行分类，通过复制创建新的管道类型，与 7.7 节设置风管系统的方法相同，设置好的管道系统如图 7.8.1 所示。

图 7.8.1 创建管道类型

7.9 过滤器

为了区分不同的系统，可以在项目样板中为不同的管道系统和风管系统设置颜色，可通过"过滤器"功能来完成。

7.9.1 风管系统过滤器设置

设置方法参照 6.11 节，设置好的过滤器如图 7.9.1 所示。

图 7.9.1 风管系统过滤器设置

7.9.2 管道系统过滤器设置

设置方法参照 6.11 节，设置好的过滤器如图 7.9.2 所示。

图 7.9.2 管道系统过滤器设置

7.10 视图样板

7.10.1 暖通专业视图样板设置

暖通专业的视图分为空调风系统和空调水系统等，其类型主要有平面图、立面图、系统图、三维视图等，按照不同的视图类型设置相应的视图样板，下面以"H-2-1空调风系统平面建模"视图样板为例介绍设置流程：

（1）单击"视图"选项卡→"视图样板"→"管理视图样板"→"复制新建"→"设置名称"→"确定"，如图7.10.1所示；

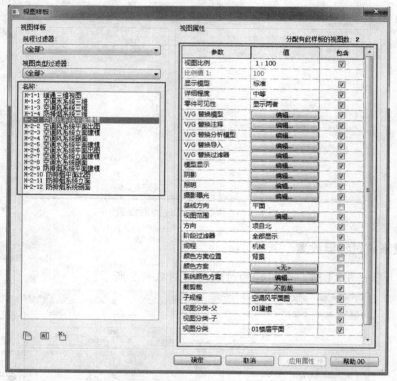

图7.10.1 暖通专业视图样板视图属性设置

（2）视图比例：此样板暂设置为"1：100"；

（3）显示模型：此样板暂设置为"标准"；

（4）详细程度：此样板暂设置为"中等"；

（5）零件可见性：此样板暂设置为"显示两者"；

（6）V/G替换模型：逐个钩选暖通专业所需图元的可见性，并根据所需的显示样式设置图元的显示样式，完成设置后确定，如图7.10.2所示；

（7）V/G替换注释：设置相应视图所需注释的可见性和线型，完成设置后"确定"，如图7.10.3所示。

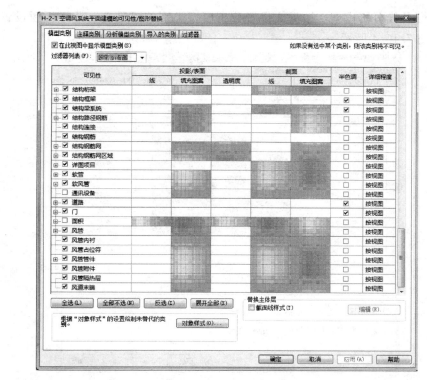

图 7.10.2 暖通专业视图样板模型类别可见性的设置

图 7.10.3 暖通专业视图样板注释类别可见性的设置

（8）V/G替换分析模型：按需要设置分析模型类别的可见性，此样板暂设置为全部不可见，如图 7.10.4 所示；

图 7.10.4　暖通专业视图样板分析模型类别可见性的设置

（9）V/G替换导入：设置导入类别的可见性，此样板暂设置为全部可见，如图 7.10.5 所示；

图 7.10.5　暖通专业视图样板导入的类别可见性的设置

（10）V/G 替换过滤器：添加暖通专业所需的过滤器，设置各过滤器其线型、颜色及填充样式，设置完成后"确定"，如图 7.10.6 所示。

图 7.10.6　暖通专业视图样板过滤器的设置

（11）模型显示：选择适合该视图的显示样式，此视图样板暂设置为"隐藏线"样式，设置完成后"确定"，如图 7.10.7 所示。

图 7.10.7　暖通专业视图样板图形显示的设置

（12）阴影、照明、摄影曝光：按照模型显示样式来设置相应的值，此视图样板暂默认设置；

（13）基线方向：默认为平面，此项在包含栏未钩选；

（14）视图范围：设置该视图样板的视图范围，此视图样板暂设置为："顶：4000mm"，"剖切面：4000mm"，底和视图深度均为 0mm，如图 7.10.8 所示。

图 7.10.8　暖通专业视图样板视图范围的设置

（15）方向：默认为项目北；

（16）阶段过滤器，按需设置，此视图样板暂设置为"全部显示"；

（17）规程：此视图样板选择机械；

（18）颜色方案位置：默认为背景，此项在包含栏未钩选；

（19）颜色方案：按需要选择或添加颜色方案，此视图样板暂设置为无，且此项在包含栏未钩选，若已添加颜色方案，需在包含栏进行钩选；

（20）系统颜色方案：按需要选择或添加颜色方案，此视图样板暂不进行设置，且此项在包含栏未钩选，若设置，需在包含栏进行钩选；

（21）"子规程"、"视图分类"的设置与浏览器组织设置有关，此部分可参照浏览器组织设置相关内容。

7.10.2　暖通专业视图样板的应用

此部分内容设置参照第 4.6.2 节建筑专业视图样板应用设置，根据暖通专业的内容作相应调整。

7.11　常用族

7.11.1　常用族的类型

在暖通专业中，常用的族类型主要有风管附件、风管管件、水管管件、水管附件、机械设备以及常用的注释族等。在绘图之前，可先将需要的族载入进暖通项目样板中。

Revit 在安装时会自带一些基本的族，如图 7.11.1、图 7.11.2 所示。载入后，可在属性对话框中修改类型名称。

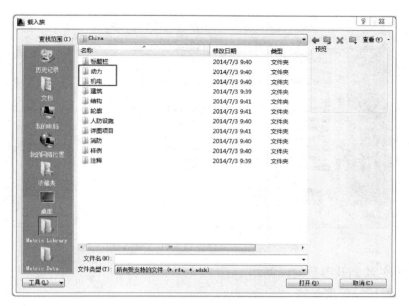

图 7.11.1 载入族 1

图 7.11.2 载入族 2

7.11.2 常用族的制作

以静压箱族的制作为例，说明暖通常用族的制作方法。

1. 族样板文件的选择

单击"应用程序菜单"下拉箭头，选择"新建"→"族"，在"选择样板文件"对话框中选择"公制常规模型"，作为族样板文件。

图 7.11.3 "选择样板文件"对话框

2. 族轮廓的绘制及参数的设置

（1）设置静压箱长度参数

1）进入立面的前视图，单击"创建"选项卡→"放样"→"绘制路径"，绘制 2D 路径，如图 7.11.4～图 7.11.6 所示；

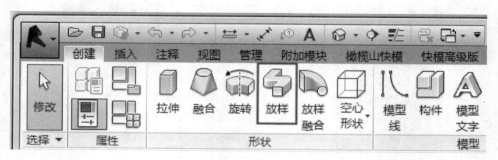

图 7.11.4 "放样"

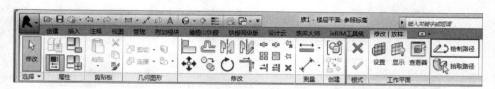

图 7.11.5 "绘制路径"

2）单击"创建"选项卡→"参照平面"，为 2D 路添加制参照平面，使用"对齐"命令，将 2D 路径的两个端点与参照平面对齐锁定。

3）单击"注释"→"对齐"，如图 7.11.7 所示，对 2D 路径进行尺寸标注，并用"EQ"平分标注。

4）选中标注，单击选项栏中"标签"下拉列表中的"添加参数"，设置参数名称为"静压箱长度"，如图 7.11.8～图 7.11.10 所示。

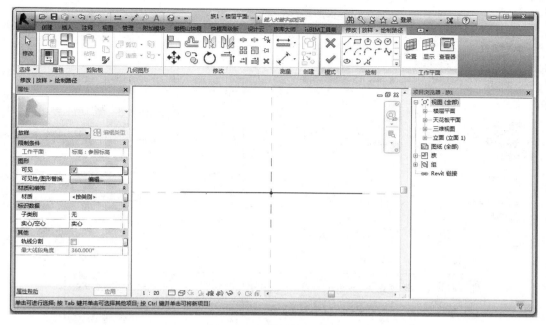

图 7.11.6　绘制 2D 路径

图 7.11.7　尺寸标注工具

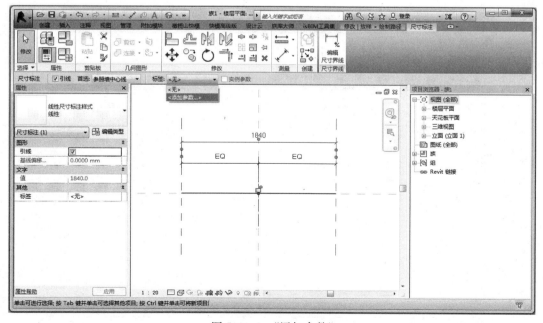

图 7.11.8　"添加参数"

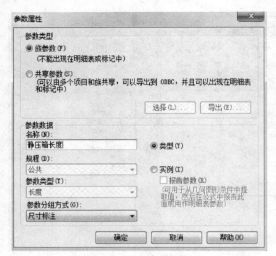

图 7.11.9　参数属性

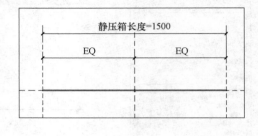

图 7.11.10　静压箱长度

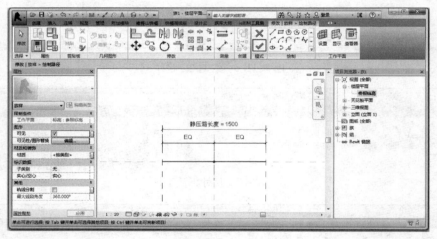

图 7.11.11　完成放样

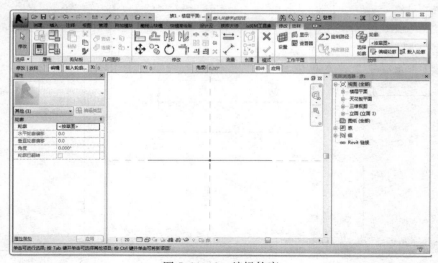

图 7.11.12　编辑轮廓

（2）设置静压箱宽度、高度参数

1）单击"完成路径"，单击"放样"面板下的"编辑轮廓"，选择"转到视图"对话框中的"立面：右"，单击"打开视图"，进入右立面视图，选择矩形线框绘制轮廓，并为矩形轮廓添加参照平面，将矩形轮廓与参照平面对齐锁定，如图 7.11.11～图 7.11.15 所示。

2）单击"注释"选项卡→"对齐"，对矩形轮廓进行标注，并用"EQ"平分尺寸。

3）选中标注，单击选项栏中"标签"下拉列表中的"添加参数"，分别添加参数"静压箱宽度"、"静压箱高度"，如图 7.11.16 所示，完成后单击"完成轮廓"，"完成放样"。

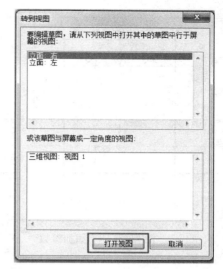

图 7.11.13　转到视图

图 7.11.14　绘制矩形轮廓

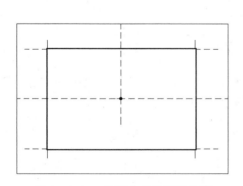

图 7.11.15　绘制完成的矩形轮廓

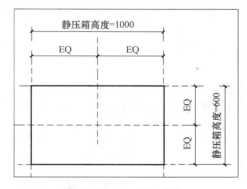

图 7.11.16　添加参数

（3）设置风管宽度 1、高度 1 参数

图 7.11.17　拉伸选项

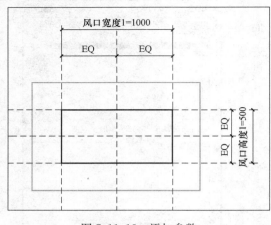

图 7.11.18　添加参数

1）进入楼层平面下的参照标高视图，单击"创建"选项卡→"拉伸"，如图 7.11.17 所示，绘制矩形轮廓；并为矩形轮廓添加参照平面，将矩形轮廓与参照平面对齐锁定。

2）单击"注释"选项卡→"对齐"，对矩形轮廓进行标注，并用"EQ"平分尺寸。

3）选中标注，单击选项栏中"标签"拉列表中的"添加参数"，分别添加参数"风管宽度 1"、"风管高度 1"，如图 7.11.18 所示，完成后单击"完成拉伸"。

4）进入到前立面视图中，将拉伸轮廓拖曳至图 7.11.19 所示位置，在风口边缘添加两条参照平面并锁定，对图中所示位置进行尺寸标注，并添加实例参数"风口厚"、"K-风管 1"。

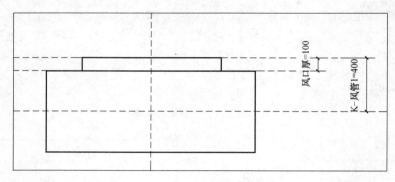

图 7.11.19　前立面视图

5）单击"族属性"面板下的"族类型"对话框，在"K-风管 1"参数后的"公式"栏中编辑公式"静压箱高度/2＋风口厚"，单击"确定"，如图 7.11.20 所示。

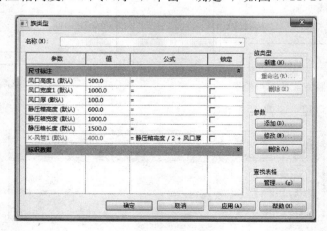

图 7.11.20　"族类型"对话框

（4）设置风管宽度 2、高度 2 参数

1）进入前立面视图，单击"创建"选项卡→"拉伸"，绘制矩形轮廓；单击"注释"选项卡→"对齐"，对矩形轮廓进行标注，并用"EQ"平分尺寸；选中标注，单击选项栏中"标签"下拉列表中的"添加参数"，分别添加参数"风管宽度 2"、"风管高度 2"，如图 7.11.21 所示，完成后单击"完成拉伸"。

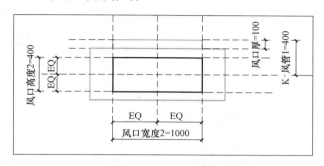

图 7.11.21　添加参数

2）进入到楼层平面下的参照标高视图，将拉伸轮廓拖曳至图 7.11.22 所示位置，在风口边缘添加两条参照平面并锁定，对图中所示位置进行尺寸标注，并添加实例参数"风口厚"、"K-风管 2"；单击"族属性"面板下的"族类型"对话框，在"K-风管 2"参数后的"公式"栏中编辑公式"静压箱宽度/2＋风口厚"，如图 7.11.23 所示，完成后单击"确定"。

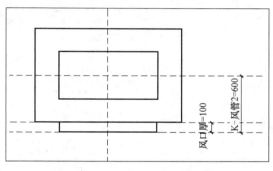

图 7.11.22　参照标高视图

（5）设置风管宽度 3、高度 3 参数

1）进入左立面视图，单击"创建"选项卡→"拉伸"，绘制矩形轮廓；单击"注释"选项卡→"对齐"，对矩形轮廓进行标注，并用"EQ"平分尺寸；选中标注，单击选项栏中"标签"下拉列表中的"添加参数"，分别添加参数"风管宽度 3"、"风管高度 3"，如图 7.11.24 所示，完成后单击"完成拉伸"。

2）进入到楼层平面下的参照标高视图，将拉伸轮廓拖曳至图 7.11.25 所示位置，在风口边缘添加两条参照平面并锁定，对图中所示位置进行尺寸标注，并添加实例参数"风口厚"、"K-风管 3"；单击"族属性"面板下的"族类型"对话框，在"K-风管 3"参数后的"公

图 7.11.23　"族类型"对话框

式"栏中编辑公式"静压箱长度/2＋风口厚",如图 7.11.26 所示,完成后单击"确定"。

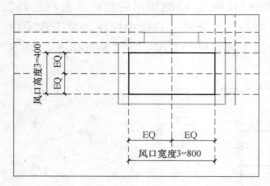

图 7.11.24 添加参数

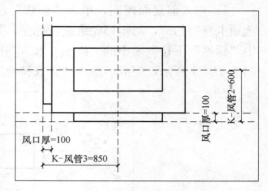

图 7.11.25 添加参数

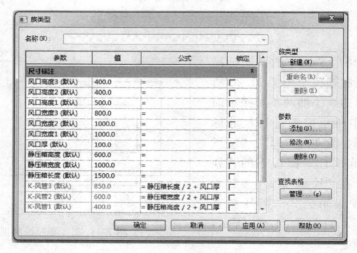

图 7.11.26 "族类型"对话框

（6）通过公式,将静压箱的尺寸与风口的尺寸进行关联,如图 7.11.27 所示。在此处,需

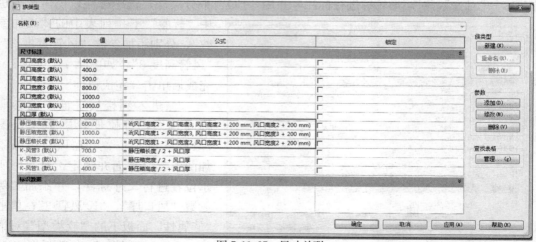

图 7.11.27 尺寸关联

要注意的是，if 公式中的括号、运算符号、标点、数字，均需要在英文输入法状态下输入。

3. 创建连接件

1）进入到三维视图中，单击"创建"选项卡→"风管连接件"，选择风管面，添加风管连接件；

2）选择风管连接件，在"属性"对话框中，首先设置"机械"参数类别下的"系统分类"，可根据实际需要进行设置；然后在"尺寸标注"参数类别下将"高度"、"宽度"与相应的"风管高度"、"风管宽度"关联起来，如图 7.11.28～图 7.11.31 所示。

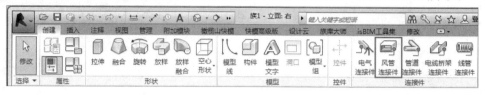

图 7.11.28 "创建"选项卡

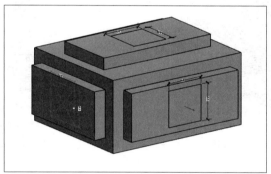

图 7.11.29 风管连接件

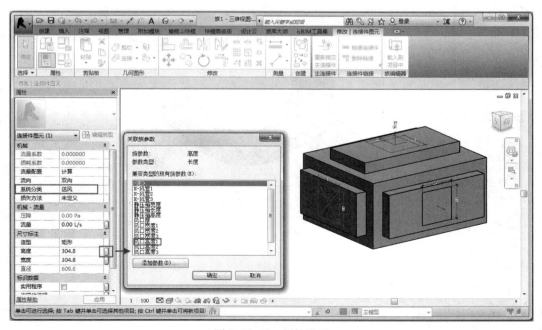

图 7.11.30 属性设置

4. 族类型参数的选择

单击"族属性"面板下的"族类型和族参数"→"机械设备",在"族参数"中"零件类型"下选择"标准",如图 7.11.32 所示,完成后单击"确定"。

5. 将族载入到项目中进行测试

设置好静压箱族后,保存为"静压箱",直接载入项目中进行测试,如图 7.11.33 所示。

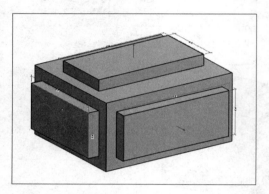

图 7.11.31　参数关联

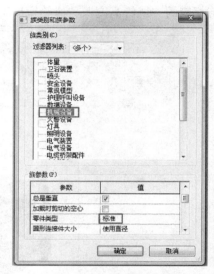

图 7.11.32　族类别和族参数

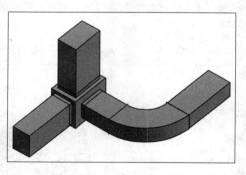

图 7.11.33　载入项目测试

8 电气篇

在 Revit 中，默认机械样板中的设置没有分专业，其基本设置并不能满足电气专业的设计需要。本篇基于完成公共设置项的项目样板，介绍电气专业项目样板的设置，包括线样式、对象样式、构件类型、过滤器等。

8.1 初始项目样板选择

Revit 默认的机械样板是暖通专业的样板，设置电气专业的项目样板需重新选择初始项目样板。电气专业的初始项目样板中默认载入了常用族，为电缆桥架等构件配置了管件，方便使用。

(1) 启动 Revit→单击应用程序菜单中的"新建"→弹出"新建"项目对话框，如图8.1.1 所示；

(2) 单击样板文件区域的"浏览"→Revit 自动浏览到安装时生成的"China"的文件夹，如图 8.1.2 所示→选择电气专业初始

图 8.1.1 新建项目

项目样板"Electrical-DefaultCHSCHS"→单击"打开"→返回"新建"项目对话框；

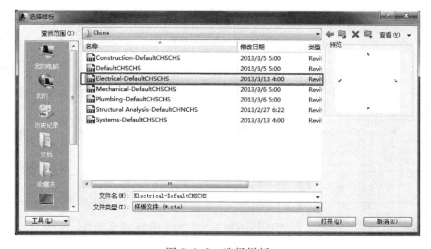

图 8.1.2 选择样板

(3) "新建"参数栏中选择"项目样板"；

(4) 完成这些设置后单击"新建"项目对话框中的"确定"，进入项目样板界面。

8.2 线宽

8.2.1 线宽的基本设置

线宽的基本设置方法参照 4.1.1 节。

8.2.2 线宽的设置依据

（1）根据《建筑电气制图标准》GB/T 50786—2012，电气专业图线宽度 b，应根据图纸的类型、比例和复杂程度，按国家现行标准《房屋建筑制图统一标准》GB/T 50001—2010 中的规定，线宽 b 宜为 0.5mm、0.7mm、1.0mm。

（2）根据《建筑电气制图标准》GB/T 50786—2012，电气专业制图采用的各种图线，应符合表 8.2.1 的规定。

图线　　　　　　　　　　　　　　　　　　　　　　　　　表 8.2.1

名称		线宽	一　般　用　途
实线	粗	b	本专业设备之间电气通路连接线、本专业设备可见轮廓线、图形符号轮廓线
	中粗	$0.7b$	
		$0.7b$	本专业设备可见轮廓线、图形符号轮廓线、方框线、建筑物可见轮廓
	中	$0.5b$	
	细	$0.25b$	非本专业设备可见轮廓线、建筑物可见轮廓；尺寸、标高、角度等标注线及引出线
虚线	粗	b	本专业设备之间电气通路不可见连接线；线路改造中原有线路
	中粗	$0.7b$	
		$0.7b$	本专业设备不可见轮廓线、地下电缆沟、排管区、隧道、屏蔽线、连锁线
	中	$0.5b$	
	细	$0.25b$	本专业设备不可见轮廓线、建筑物不可见轮廓等
波浪线	粗	b	本专业软管、软护套保护的电气通路连接线、蛇形敷设线缆
	中粗	$0.7b$	
单点长画线		$0.25b$	中心线、对称线、定位轴线；结构、功能、单元相同围框线
双点长画线		$0.25b$	辅助围框线、假想或工艺设备轮廓线
折断线		$0.25b$	断开界线

8.2.3 线宽的具体设置

根据线宽的设置依据对电气专业项目样本中的线宽进行设置。对于模型线宽，当视图比例≥1：100 时，选用 $b=0.7$mm 的线宽组；当视图比例<1：100 时，选用 $b=0.5$mm 的线宽组，具体设置如图 8.2.1 所示。

图 8.2.1　模型线宽

透视图线宽及注释线宽与视图比例无关，选用 $b=0.5$mm 的线宽组进行设置，具体设置如图 8.2.2、图 8.2.3 所示。

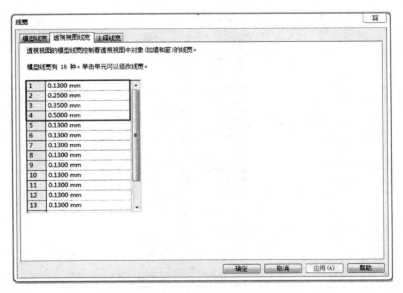

图 8.2.2　透视图线宽

177

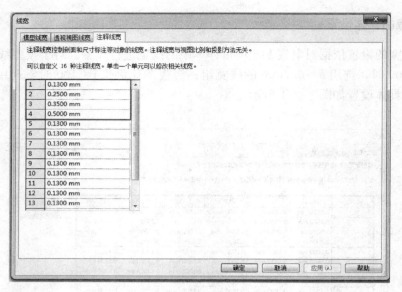

图 8.2.3　注释线宽

8.3　线样式

8.3.1　线样式的基本设置

线样式的基本设置同 4.2.1 节。

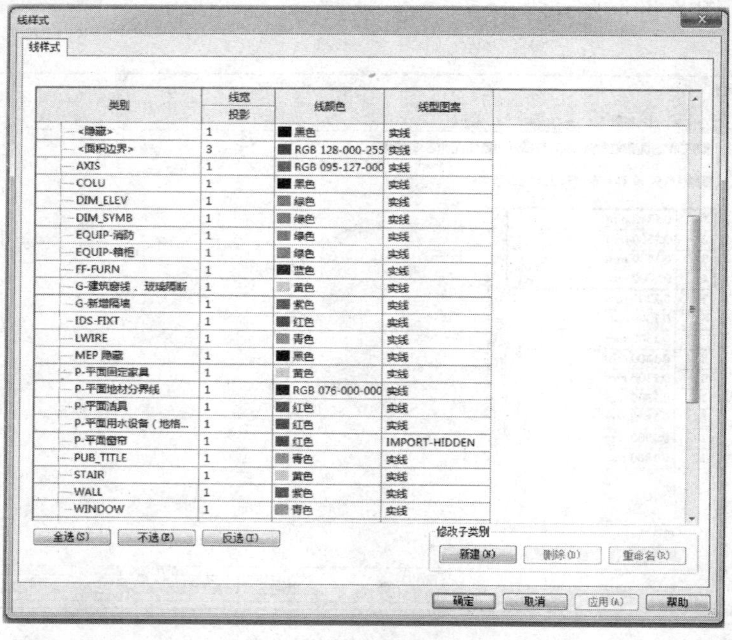

图 8.3.1　完全分解 CAD 底图后的线样式

8.3.2 导入 CAD 底图预设线样式

通过导入 CAD 底图来预设线样式的方法同 4.2.2 节。设置好以后，新增的线样式如图 8.3.1 所示。

删除所有导入的图元，不影响"线样式"中已经导入的与 CAD 图层同名的线样式。

8.4 对象样式

8.4.1 对象样式的基本设置

线样式的基本设置同 4.3.1 节。

8.4.2 对象样式中类别参数的设置依据

电气专业项目样板中，过滤器列表中，钩选"建筑"、"机械"、"电气"，列表下的类别进行"线宽"、"线颜色"、"线型图案"的设置。线宽、线型图案根据 8.2.1 节表 8.2.1 中的内容进行设置，主要对模型对象及注释对象下的类别进行设置，其中颜色的设置依照表 8.4.1 中规定的内容。

导线及桥架系统颜色设置

表 8.4.1

系统名称	RGB	管道名称	RGB
灯具导线	255,0,0	照明设备导线	255,0,0
强电桥架导线	0,255,255	弱电桥架导线	255,0,255
消防桥架导线	255,0,0	插座导线	0,0,255
应急照明设备导线	255,0,0	火警设备导线	0,0,255
通信设备导线	0,255,255	广播设备导线	0,255,255
电话电视设备导线	0,255,255	安防设备导线	0,255,0
动力设备导线	0,128,64	消防电缆桥架	255,0,0
强电电缆桥架	0,255,255	强电电缆桥架	255,0,255

8.5 材质

电气专业材质要求主要为：布线用电线、电气设备等。电气专业项目样板材质创建方法于建筑专业项目样板材质创建方法相同。电气专业项目样板材质可按项目构件需求建立，如图 8.5.1 所示。

图 8.5.1 电气专业项目样板材质

8.6 构件类型

在 Revit 中，电气专业的设计不同于给水排水和暖通专业，没有系统之分，在使用电气专业电缆桥架等构件时，需对其进行类型编辑以区分系统、便于使用，下面以为"电缆桥架"进行类型设置为例介绍电气构件类型设置。

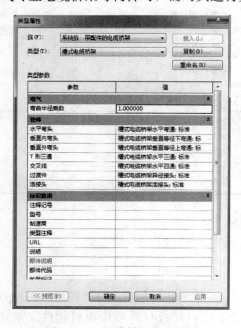

(1) 单击"系统"选项卡→"电缆桥架"→属性栏中，单击"编辑类型"，进入"类型属性"对话框，如图 8.6.1 所示；

(2) 在"类型属性"对话框中，单击"复制"→在"名称"对话框中，删除原有名称→输入新建电缆桥架类型的名称，此处输入"强电槽式电缆桥架"→单击"确定"返回"类型属性"对话框，如图 8.6.2 所示；

图 8.6.1 电缆桥架类型属性

图 8.6.2 新建类型

（3）管件：新建的"强电槽式电缆桥架"类型，已经继承了原有桥架的类型属性，管件默认配置为原有的标准配件，可单击后面的下拉箭头进行修改，此处暂设置为默认配置；

（4）标识数据：在"类型属性"对话框中，"标识数据"设置中包括了"注释记号"、"型号"、"类型注释"等，可根据项目需要进行添加。例如，可在"类型注释"中为电缆桥架添加注释"强电"以区别系统；

（5）单击"类型属性"对话框中的"确定"完成新建类型设置。

图 8.6.3　电缆桥架类型

同样的方法，新建"弱电槽式电缆桥架"，"消防槽式电缆桥架"等类型，并设置其类型属性，可在族列表中查看如图 8.6.3 所示。

8.7　项目浏览器

电气专业项目样板项目浏览器创建及设置方法与建筑专业项目样板项目浏览器创建方法相同，项目浏览器组织如图 8.7.1 所示。

图 8.7.1　项目浏览器

8.8　过滤器

设置方法参照 6.11 章节，设置好的过滤器如图 8.8.1 所示。

图 8.8.1　可见/图形替换-过滤器

8.9　视图样板

8.9.1　视图样板设置

电气专业的视图分为动力、照明、消防报警、弱电，其类型主要有平面图、立面图、剖面图、三维视图等，按照不同的视图类型设置相应的视图样板，下面以"E-3-1 照明平面建模"的视图样板为例介绍设置流程：

（1）单击"视图"选项卡→"视图样板"→"管理视图样板"→"复制新建"→"设置名称"→"确定"，如图 8.9.1 所示；

（2）视图比例：此样板暂设置为"1：100"；

（3）显示模型：此样板暂设置为"标准"；

（4）详细程度：此样板暂设置为"精细"；

（5）零件可见性：此样板暂设置为"显示两者"；

（6）V/G 替换模型：逐个钩选电气专业所需图元的可见性，并根据所需的显示样式设置图元的显示样式，完成设置后"确定"，如图 8.9.2 所示；

（7）V/G 替换注释：设置相应视图所需注释的可见性和线型，完成设置后"确定"，如图 8.9.3 所示；

（8）V/G 替换分析模型：按需要设置分析模型类别的可见性，此样板暂设置为全部不可见，如图 8.9.4 所示；

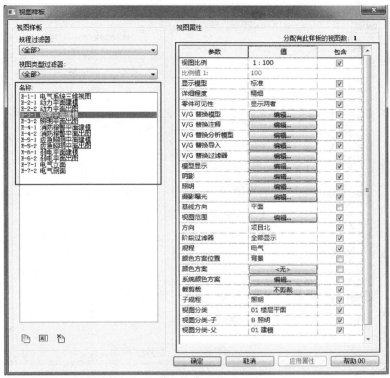

图 8.9.1　电气专业视图样板视图属性的设置

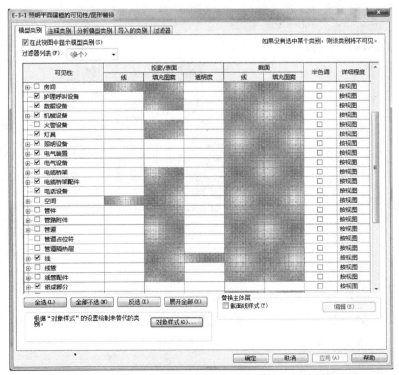

图 8.9.2　电气专业视图样板模型类别的可见性设置

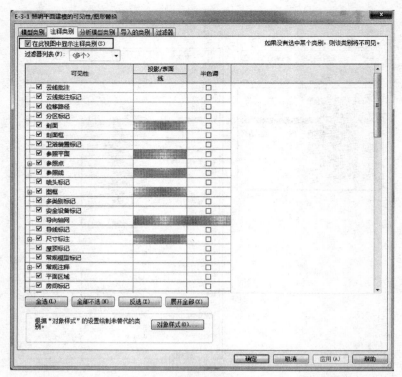

图 8.9.3　电气专业视图样板注释类别的可见性设置

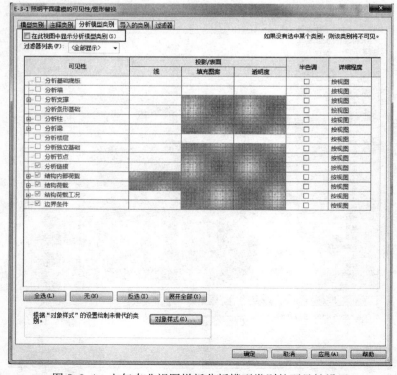

图 8.9.4　电气专业视图样板分析模型类别的可见性设置

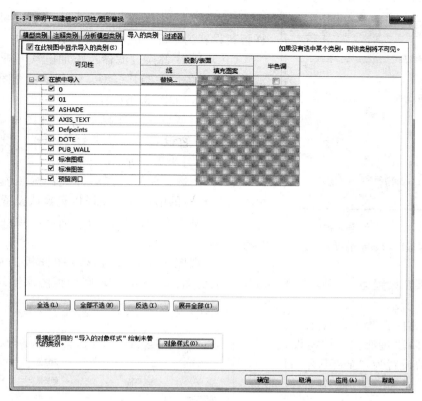

图 8.9.5　电气专业视图样板导入的类别的可见性设置

图 8.9.6　电气专业视图样板过滤器的设置

图 8.9.7　电气专业视图
样板图形显示的设置

（9）V/G 替换导入：设置导入类别的可见性，此样板暂设置为全部可见，如图 8.9.5 所示；

（10）V/G 替换过滤器：添加电气专业所需的过滤器，设置各过滤器其线型、颜色及填充图案，设置完成后确定，如图 8.9.6 所示；

（11）模型显示：选择适合该视图的显示样式，此视图样板暂设置为"隐藏线"样式，设置完成后"确定"，如图 8.9.7 所示；

（12）阴影、照明、摄影曝光：按照模型显示样式来设置相应的值，此视图样板暂默认设置；

（13）基线方向：默认为平面，此项在包含栏未钩选；

（14）视图范围：设置该视图样板的视图范围，

此视图样板暂设置为："顶：3000mm"，"剖切面：3000mm"，底和视图深度均为 0mm，如图 8.9.8 所示。

（15）方向：默认为项目北；

（16）阶段过滤器，按需设置，此视图样板暂设置为"全部显示"；

（17）规程：此视图样板选择电气；

（18）颜色方案位置：默认为背景，此项在包含栏未钩选；

（19）颜色方案：按需要选择或添加颜色方案，此视图样板暂设置为无，

图 8.9.8　电气专业视图样板视图范围的设置

且此项在包含栏未钩选，若已添加颜色方案，需在包含栏进行钩选；

（20）系统颜色方案：按需要选择或添加颜色方案，此视图样板暂不进行设置，且此项在包含栏未钩选，若设置，需在包含栏进行钩选；

（21）"子规程"、"视图分类"的设置与浏览器组织设置有关，此部分可参照浏览器组织设置相关内容。

8.9.2　视图样板的应用

此部分内容设置参照第 4.6.2 节建筑专业视图样板应用设置，根据电气专业的内容作相应调整。

9 项目样板的固化

通过设置整理好的 Revit 样板文件，方便软件打开界面的默认样板显示，实现项目样板固化。

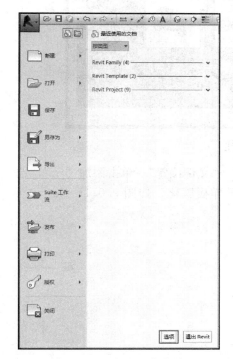

图 9.0.1 "应用程序菜单"

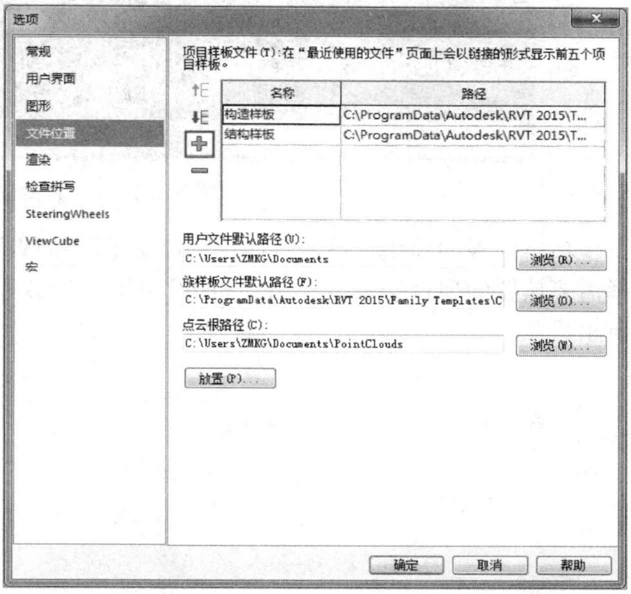

图 9.0.2 "文件位置"选项

图 9.0.3 选择需要固化的项目样板

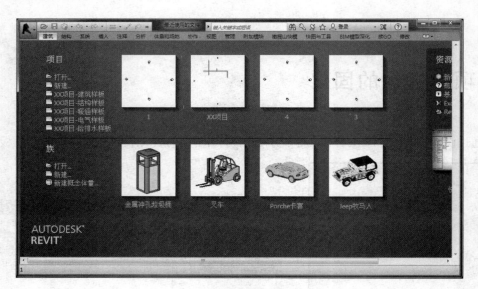

图 9.0.4　项目样板固化

　　项目样板的固化：单击"应用程序菜单"→"选项"→"文件位置"→单击添加"＋"，选择需要放置的项目样板，单击"打开"，即可完成项目样板固化。如图 9.0.1～图 9.0.4 所示。

10 样板的整理与管理

样板整理的主要方式是通过对实际工程项目的项目标准（项目单位、线型图案、线宽、线样式等解决方案）进行规范化管理，建立符合各类项目实际需要的标准，通过项目传递工具将标准集成到项目样板中，以便于下次使用，实现项目标准化应用。项目完成之后需要对多余的族（系统族、自建族）进行清理，优化信息模型，减小模型容量。

10.1 样板的清理

单击"管理"选项卡→"清除未使用项"，打开清除未使用项对话框。选择需要清除的视图、族、组等，单击"确定"即可完成项目清理。如图 10.1.1、图 10.1.2 所示。

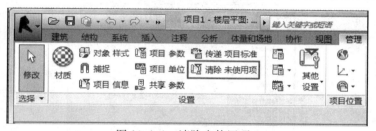

图 10.1.1 清除未使用项 1

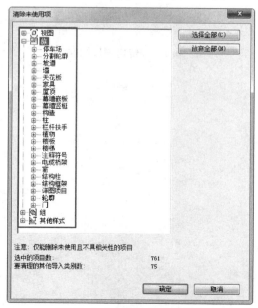

图 10.1.2 清除未使用项 2

10.2 项目标准传递

单击"管理"选项卡→"传递项目标准",打开"传递项目标准"对话框,选择选择需要复制的源文件以及需要复制传递的内容,即可将源文件中的内容传递到本项目样板中,如图 10.2.1、图 10.2.2 所示。

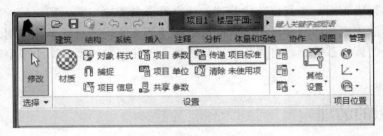

图 10.2.1　传递项目标准 1

图 10.2.2　传递项目标准 2

参 考 文 献

［1］ 吕东军，孔黎明. 建筑设计教程—Autodesk Revit Architecture ［M］. 北京：中国建材工业出版社，2011.

［2］ 陈前，张原. 浅谈 BIM 技术及其应用 ［J］. 价值工程，2012.

［3］ 过俊. BIM 在国内建筑全生命周期的典型应用 ［J］. 建筑技艺，2011.

［4］ 柏慕培训. Autodesk Ecotect Analysis 2011 绿色建筑分析实例详解 ［M］. 北京：中国建材工业出版社，2011.

［5］ 中国 BIM 网. www. chinabim. com

［6］ 中国建筑标准设计研究院. 建筑制图标准 GB/T 50104—2010 ［M］. 中国建筑工业出版社，2010.

［7］ 中国建筑标准设计研究院. 建筑结构制图标准 GB/T 50105—2010 ［M］. 中国建筑工业出版社，2010.

［8］ 中国建筑标准设计研究院. 暖通空调制图标准 GB/T 50114—2010 ［M］. 中国建筑工业出版社，2010.

［9］ 中国建筑标准设计研究院. 建筑给水排水制图标准 GB/T 50106—2010 ［M］. 中国建筑工业出版社，2010.

［10］ 中国建筑标准设计研究院. 建筑电气制图标准 GB/T 50786—2012 ［M］. 中国建筑工业出版社，2010.

［11］ 中国建筑标准设计研究院. 房屋建筑制图统一标准. GB 50001—2010 ［M］. 中国建筑工业出版社，2010.

［12］ Autodesk Asia Pte Ltd. Autodesk Revit MEP 2012 应用宝典 ［M］. 同济大学出版社，2012.

［13］ Autodesk Asia Pte Ltd. Autodesk Revit 2013 族达人速成 ［M］. 同济大学出版社，2013.

［14］ 刘济瑀. 勇敢走向 BIM 2.0 ［M］. 中国建筑工业出版社，2015.

［15］ 秦军. Autodesk Revit Architecture 201× 建筑设计全攻略 ［M］. 中国水利水电出版社，2010.

［16］ 柏慕培训. Autodesk Revit MEP 2011 管线综合设计实例详解 ［M］. 中国建筑工业出版社，2011.

［17］ Autodesk，Inc. Autodesk Revit MEP 2012 管线综合设计应用 ［M］. 电子工业出版社，2012.